Sunnhild Reinckens · Meine Lieblingspuppe

SUNNHILD REINCKENS

MEINE LIEBLINGSPUPPE

NEUE STOFFPUPPEN FÜR GROSS UND KLEIN

MIT VORLAGEN IN ORIGINALGRÖSSE

Christophorus-Verlag · Freiburg i. Br.

Inhaltsverzeichnis

Freundinnen und Mitarbeiterinnen meiner Puppenwerkstatt haben mir bei der Entstehung dieses Buches und bei der Anfertigung der Puppenkleider geholfen. Ihnen möchte ich an dieser Stelle ganz herzlich danken!

Stoffpuppen, liebenswerte Spielgefährten für Kinder

Es sind nun fast 25 Jahre vergangen, seit ich zum ersten Mal Stoffpuppen für meine Kinder genäht habe. Aus diesen ersten Versuchen hat sich ein Hobby entwickelt, das ich mittlerweile zum Beruf ausgebaut habe. Für mich ist der Beruf der Puppenmacherin eine vielseitige und faszinierende Herausforderung. Reich werden kann ich damit nicht, aber ich bin ausgefüllt und glücklich! Denn Puppenmachen ist immer ein kreativer Akt, eine Art „Geburt", die mit viel Konzentration, Spannung und Freude verbunden ist. Jedesmal bin ich wieder erstaunt, wie offensichtlich die „Mutterschaft" sein kann, wie ähnlich sich die Herstellerin und ihr „Produkt" ist. Das erlebe ich täglich in meiner Puppenwerkstatt, auf Spielzeugmessen und Ausstellungen und ich vermute, daß auch Sie diese Erfahrung machen werden. Mir gelingt es beispielsweise nicht, sehr zartgliedrige und verträumte Puppen anzufertigen. Selbst das kleine *Däumelinchen* sieht trotz feiner Seidenhaare und zartem Blümchenkleid eher „gesund und proper" aus. Die Arbeit läßt mir viel Freiraum für eigene Ideen. Das weiche, formbare Material und die Abbindetechnik der Gesichter, die ich stets weiterentwickeln konnte, bieten die Möglichkeit, verschiedensten Charakteren Gestalt zu geben. Mich reizt es, dieses Potential auszuschöpfen, die Gesichter ausdrucksvoll zu gestalten – mal fröhlich und verschmitzt, mal nachdenklich und verträumt oder würdevoll und alt. Obwohl viele Erwachsene auf mich zugekommen sind, um nach „ihrer" Puppe zu suchen, sehe ich es immer noch als meine wichtigste und schönste Aufgabe an, Puppen für Kinder zu machen. Puppen aus natürlichen, „warmen" Materialien, mit lieben Gesichtern, die oft treue Begleiter auf einem guten Stück Weg der Kindheit werden.

Heutzutage sind die Kinderzimmer oft überfüllt mit Serienhelden und Gestalten aus der Fantasy-Welt. Es war mir ein Anliegen, in diesem Buch Charaktere lebendig werden zu lassen, die aus anderen Bereichen kommen, aus der Welt der Literatur, der Bilderbücher, der Märchen und der Gegenwart. Neben Max und Moritz und einigen Märchenpuppen haben sich in einer Schulklasse Spielpuppen verschiedener Nationalitäten versammelt, Puppen, die uns und unseren Kindern in unserem Alltag begegnen. Treue Begleiter für kleinere Kinder, das brave und das temperamentvolle, freche Mädchen sowie Dekorationspuppen für Erwachsene zeigen die Vielfalt der Gestaltungsmöglichkeiten. Diese Puppen und alle die Puppen, welche Sie selbst anfertigen, haben eines gemeinsam: Sie sollen fröhliche, liebenswerte Begleiter für Kinder sein und durch ihre weiche Beschaffenheit und ihre natürliche Ausstrahlung Liebe, Zuwendung und Zärtlichkeit erwecken. Das sind Gefühle, die – gerade in unserer Zeit – durch ein gutes handgearbeitetes Spielzeug gepflegt und gefördert werden sollten. Sie sind Grundlage für das Leben.
Ich wünsche Ihnen allen, daß Sie Freude am Puppenmachen haben, Ihre Vorstellungen phantasievoll verwirklichen und für sich und Ihre Kinder gute Puppen herstellen können.

Ihre Sunnhild Reinckens

Die Puppenwerkstatt

Das Material und das Werkzeug

Falls Sie schon einige Puppen gearbeitet und dabei Lust und Kreativität entwickelt haben, werden Sie sich vielleicht eine „Puppenkiste" anlegen, in der Sie die nötigen Materialien und kleinen Schätze aufheben.

Was gehört nun alles zum Puppenmachen?

Schlauchbinden, Füllmaterial, Trikot, reißfestes Garn (z.B. Rasant-Garn), Stecknadeln mit Glasköpfen, Mohairwolle, Mohairvlies und Fellreste für Perücken.

Die Schlauchbinden:
Schlauchbinden benötigen Sie für den Kopf und den Rumpf der Puppen. Die Größe der Schlauchbinden gibt zugleich die Größe des zugehörigen Körperschnittes an. Schlauchbinden sind in verschiedenen Größen im Fachhandel (Hobby-Fachhandel und Apotheken) inzwischen auch als Meterware erhältlich.

Das Füllmaterial:
Am schönsten und angenehmsten zum Arbeiten und für die Bedürfnisse von Kindern ist reine Schafwolle, die es in gewaschenem und gekämmtem Zustand in guten Geschäften gibt. Falls die Puppe zu warm gewaschen wird, kann es allerdings manchmal vorkommen, daß die Wolle „klumpt". Synthetik-Füllungen, welche fast immer für hochwertige Kuscheltiere aus Baumwolle von guten Firmen benutzt werden, haben die Eigenschaft, daß sie auch noch nach dem Waschen ihre lockere, dehnbare Fülle behalten. Insofern lassen sie sich z.B. gut zum Füllen von pludrigen Hosenbeinen verwenden. Ich persönlich benutze meist reine Schafwolle und Mischwolle (aus Schafwolle und Synthetik). Es ist allerdings bei Puppenbestellungen auch schon öfter vorgekommen, daß die Mütter auf eine Synthetikfüllung bestehen, weil sie ein allergiekrankes Kind haben.

Der Trikot:
Trikot benötigen Sie für die Körper der Puppen. Der Fachhandel führt das Material für die Körper der Puppen in verschiedenen Farben und Qualitäten.
Für meine Puppen verwende ich *festen* oder *weichen* Trikot aus 100% Schweizer Baumwolle. Der feste Trikot ist haltbarer und gröber gewebt und hat nicht die Dehnkraft des weichen Trikots. Festen Trikot verwende ich für alle Spielpuppen. Aus *weichem* Trikot habe ich die Körper für alle die Puppen genäht, welche ein „Skelett" haben, das erst zum Schluß mit einer „Körperhülle" überzogen wird. Durch die größere Dehnbarkeit des weichen Trikots habe ich die Möglichkeit, gewisse „Ausformungen", „Abnäher" und „Polsterungen" an den entsprechenden Teilen der Puppen vorzunehmen, bevor sich der weiche Anzug als „zweite Haut" über den Körper legt (siehe z.B. *Krankenschwester!*). Den weichen Trikot verwende ich grundsätzlich bei allen anderen Puppen zum Überspannen der Gesichter (siehe Seite 10!).

Als Werkzeug benötigen Sie neben stabilen, spitzen Nähnadeln, einen Kochlöffel oder ein Pflanzholz zum Ausstopfen der Puppenkörper, einen Universalschneider (Cutter) oder ein Skalpell für die Herstellung der Perücken sowie Weißleim oder Puppenkleber. Rasant-Garn und sehr lange, spitze Stopfnadeln, die zum Sticken der Gesichter und der Haare verwendet werden, sind ebenfalls im Fachhandel erhältlich.
Ferner sollten Sie viele, bunte kleingemusterte Baumwollstoffe für die Kleidung sammeln.

Wahrscheinlich wird sich allmählich ein „Schatzkasten" bei Ihnen ansammeln, und wenn Sie das „Puppenfieber" ergreift, haben Sie alle Materialien beisammen.

Die Grundschnitte für die Körper der Puppen

Für die Puppen benötigen Sie verschiedene Körperschnitte:

1. *Schnitte mit angesetzten Armen und Beinen* (Schnittgrößen: 4, 6, 8; siehe Seite 61!)

Diese Körperschnitte verwende ich für die Spielpuppen (siehe Seite 30 – 49!), die aus *festem* Trikot gearbeitet werden, und die Märchenpuppen (siehe Seite 14 – 17!), die aus *weichem* Trikot genäht sind.

2. *Schnitte mit angesetzten Armen* (Schnittgrößen: 4, 10; siehe Seite 62 – 63!)

Diese Körperschnitte verwende ich für die Puppen *Hänschen*, *Max* und *Moritz* (Größe 4; siehe Seite 20 – 23!), *Koch, Schäfer*, *Krankenschwester* und *Gärtner*, (Größe 10; siehe Seite 50 – 57!). Die Puppen werden aus *weichem* Trikot gearbeitet.

3. *Schnitte, die aus einem „durchgängigen Anzug" bestehen* (Schnittgröße: 1; siehe Seite 62!)

Die Puppen *Nils Holgersson* und *Däumelinchen* (Größe 1; siehe Seite 18 – 19!) werden nach diesem Schnitt aus *weichem* Trikot gearbeitet.

Wenn Sie die Teile für einen Puppenkörper aus Trikot zuschneiden, müssen Sie die Schnitteile so auf den Trikot legen, daß der Fadenlauf (= Laufrichtung der Maschen) des Stoffes mit einer gedachten Längsachse – vom Kopf zu den Füßen – im Puppenkörper übereinstimmt. Der Trikot muß sich beim Ausstopfen der Arme und Beine dehnen lassen.
Außer den genannten Schnitten sind Schnitte für sehr weich gearbeitete Puppen für kleinere Kinder (*Sternenkind* und *Sandmännchen, Tilly, Puppenkasper, Baby*) angegeben.

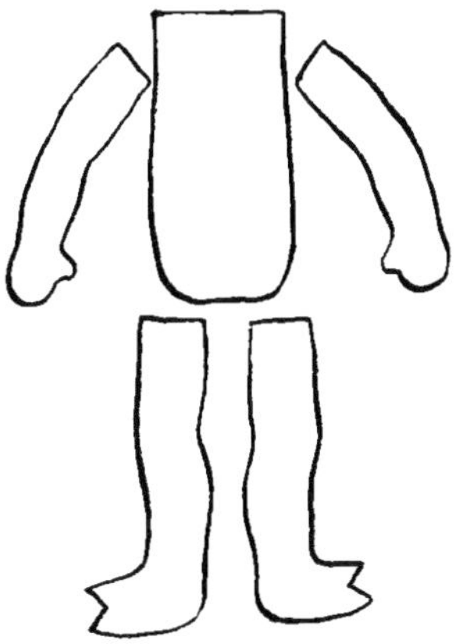

1

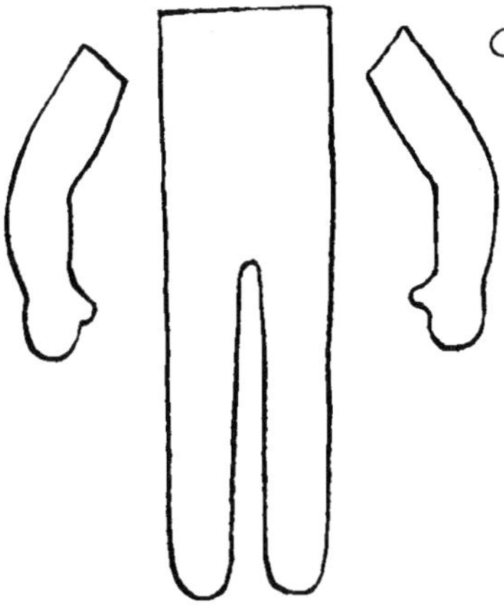

2

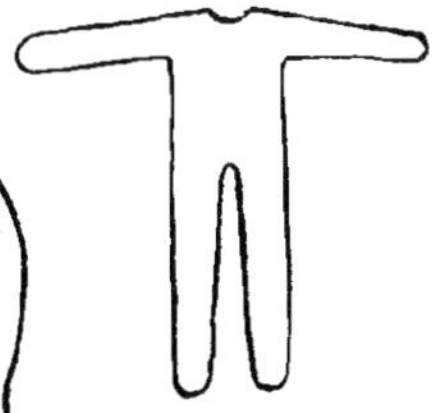

3

Die Proportionen der Puppen

Bitte merken Sie sich, daß die Kopfgröße einer Puppe immer das Ausgangsmaß für den Körper und die Gliedmaßen ist.
Grundsätzlich gilt das Verhältnis: Kopf = 1, Rumpf = 1,5 und Beine = 1,5, so daß der Kopf „dreimal in Rumpf und Beine hineinpaßt". Diese Grundproportion gilt für alle Kleinkindpuppen. Arbeiten Sie ältere Puppentypen, z.B. einen Puppenstubenvater oder Puppen für Erwachsene, verändern sich die Proportionen. Der Kopf sollte dann im Verhältnis zum übrigen Körper kleiner sein. Diese Angabe gilt zum Beispiel für die Dekorationspuppen, den *Koch*, die *Krankenschwester*, den *Schäfer* und den *Gärtner*.

Die Herstellung eines Puppenkopfes

Die Herstellung und die Gestaltung des Puppenkopfes und des Gesichtes ist für jede Puppenmacherin das wichtigste und spannenste Moment ihrer Arbeit.
Als ich vor 25 Jahren mit dem Puppenmachen begann, nahmen wir Reste von Trikotunterwäsche oder sogar alte Bettlaken, schnitten ein quadratisches Stück Stoff zurecht und formten und stopften einen kräftigen, dicken, strammen „Ball". Der Nachteil war, daß dieser „Kopf-Ball" oft kugelrund und kaum formbar war und die Falten am abgebundenen Hals sehr störend wirkten. Auch war es sehr schwierig, aus dem herunterhängenden „Bauch-Lappen" einen Rumpf zu formen. Mühsam wurden die überstehenden Enden ineinander gefaltet, mit Wolle gefüllt, zusammengesteckt und als Bauch vernäht. Wie froh war ich, als ich die Schlauchbinden, die in Krankenhäusern als Verbandsmaterial verwendet werden, für meine Arbeit entdeckte. Diese erleichtern die Herstellung des Kopfes sehr. Von nun an konnten „Winzlinge" (Schlauchbinde Größe 1 = 1 cm Breite) und „Riesenbabys" (Schlauchbinde Größe 12 = 12 cm Breite) viel unkomplizierter hergestellt werden. So entstanden die Bezeichnungen „6er-Puppen" und „8er-Puppen", welche inzwischen die beliebtesten Puppengrößen sind. Den Größen der Schlauchbinden lassen sich die Schnittgrößen für die Puppenkörper zuordnen. Wenn für eine Puppe zum Beispiel Größe 6 oder Größe 8 angegeben ist, bezieht sich diese Angabe immer auf die Größe der Schlauchbinde, die für den Kopf verwendet werden soll, und zugleich auf die Größe des Grundschnittes für den Körper der Puppe.

Im Folgenden soll die Herstellung eines einfachen Puppenkopfes erklärt werden. Als Beispiel wähle ich eine 6er-Puppe, d.h. ich verwende eine Schlauchbinde in Größe 6 (= 6 cm Breite).

1. Ein ca. 30 cm langes Stück Schlauchbinde wird an einem Ende fest mit einem reißfesten Faden umwickelt. Der Faden wird mehrfach verknotet, die Schlauchbinde gewendet.

2. Dann wird in das obere Drittel des Schlauches Wolle sehr fest hineingestopft. So entsteht ein „Ball", der ungefähr so groß ist wie ein Apfel mittlerer Größe. Dieser „Ball" darf nicht zu hart sein. Es muß eine leichte Vertiefung entstehen, wenn Sie mit dem Finger hineindrücken.

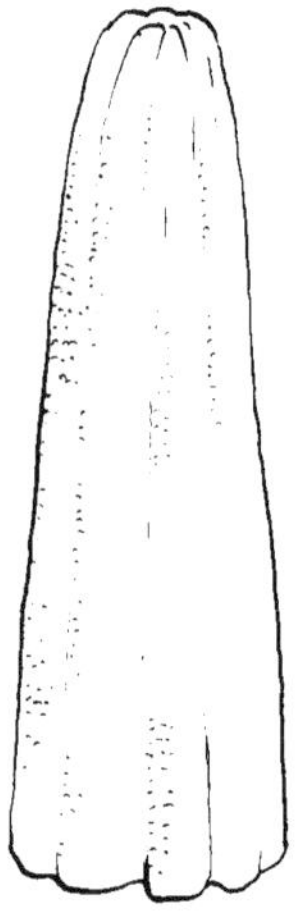

1

2/3

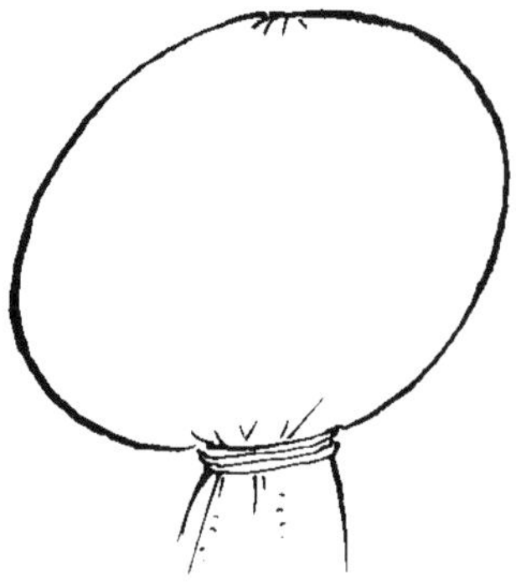

4

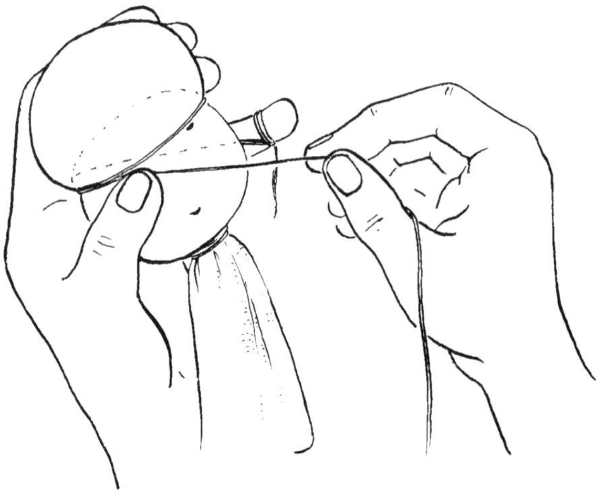

5

3. Der Kopf wird am Hals mehrmals fest abgebunden, wobei unbedingt darauf zu achten ist, daß genügend Wolle im Hals bleibt, damit dieser nachher nicht wakkeln kann.

4. Nun nehme ich den Kopf in die Hand und modelliere die Kopfform, d.h. ich forme ihn ein wenig eiförmig und lege jetzt schon fest, wo das Gesicht und wo der Hinterkopf entstehen sollen. Auf diese Weise ist es einfacher, aus diesem etwas länglich geformten „Ball" durch Abbinden mit reißfestem Garn den Kopf herauszuarbeiten.

5. Als erstes modelliere ich eine Vertiefung, aus der die „Augenlinie" entsteht. Den vormodellierten Kopf nehme ich in die linke Hand und wickle gleichzeitig das Ende eines langen Fadens um den kleinen, linken Finger. Mit der rechten Hand lege ich den übrigen Faden dreimal um die „Augenlinie", lasse dann das am kleinen Finger aufgewickelte Ende des Fadens los und verknote dieses an einer Seite des Kopfes drei- bis sechsmal mit dem um den Kopf gelegten Faden.

6. Das lange Ende des Fadens wird zwei- bis dreimal über die Mitte des Kopfes geführt, sehr stramm um Wangen und Kinn angezogen und am Ausgangspunkt verknotet.

7. An beiden „Kreuzungspunkten" werden die Fäden fest am Kopf vernäht.

8. Anschließend ziehen Sie den Faden, der um den Hinterkopf herum verläuft (frühere „Augenlinie"), fast bis zum Nackenansatz herunter. *Achtung:* Bei diesem Arbeitsschritt schleicht sich oft ein Fehler ein. Denken Sie an das bereits modellierte Kinn und die Wangen, und ziehen Sie immer den „Hinterkopffaden" herunter!

9. Puppen für größere Kinder bekommen ein kleines Näschen. Um dieses Näschen zu arbeiten, wird mit einer spitzen Nadel unterhalb des „Augenfadens" (ca. sechs bis sieben Maschen tiefer) ein kleiner „Wollhügel" unter dem Trikot herausgewölbt. Dieser wird mit mehreren rundgelegten Stichen von unten eingehalten. Führen Sie dabei die Nadel waagrecht unter dem Näschen hindurch. Beachten Sie, daß die Nase auf keinen Fall direkt unter dem „Augenfaden" oder zu tief im Gesicht sitzt!

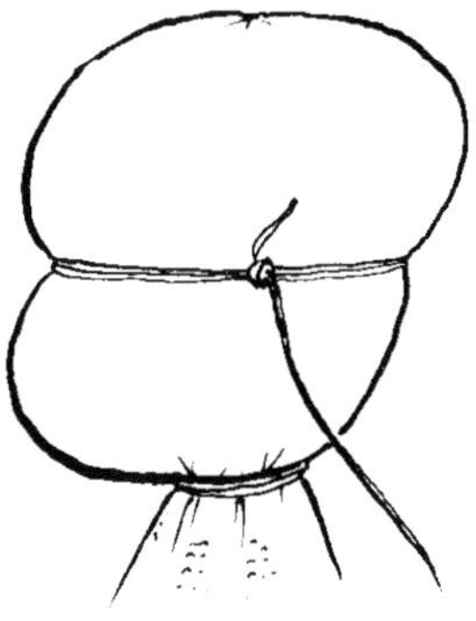

5

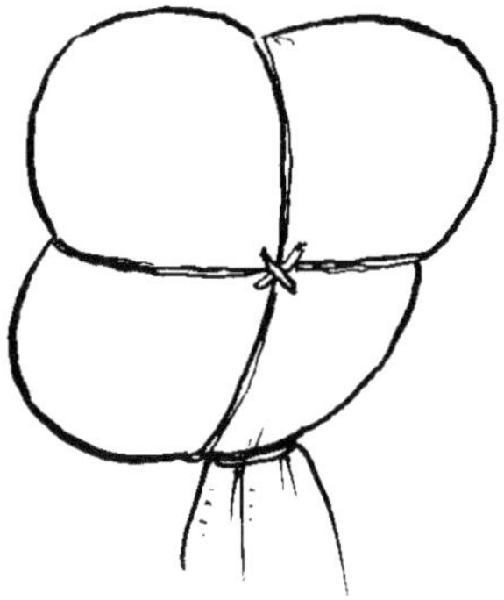

6/7

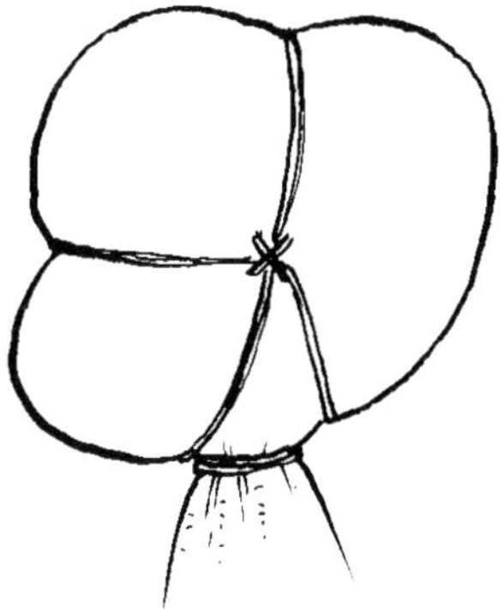

8

9

10. Ein rechteckiges Stück aus weichem Trikot wird so um den Kopf gespannt, daß die Maschen senkrecht ausgerichtet sind. Der Trikot wird mit Stecknadeln fixiert und als „Oberhaut" am Kopf angenäht. Am Hinterkopf entsteht dabei eine senkrechte Naht. Am Nacken wird das Stück Stoff eingeschlagen und um den Hals herum drei- bis sechsmal gut und fest abgebunden.
Achtung: Wenn ich eine Nase gearbeitet habe, lege ich entweder ein „Nasenpflaster", ein rund ausgeschnittenes Stück Trikot, das so groß wie die Nase ist, auf die Erhöhung unter den weichen Trikot oder ich nehme den Stoff, den ich zum Überziehen des Kopfes verwende, doppelt. So wird das Gesicht der Puppe strapazierfähiger.

11. Die Augenhöhlen werden mit zwei Stecknadeln gekennzeichnet, die Sie genau in den Mittelpunkt der Augen stechen. Achten Sie auf das Grundmuster der „Augen-Mund-Stellung". Das Grundmuster bildet ein gleichschenkliges Dreieck. Die Augen und der Mund sind jeweils gleich weit voneinander entfernt.
Bevor das Gesicht einer Puppe bemalt werden kann, müssen die Augenhöhlen gestickt werden (siehe „Augenstich"). Führen Sie einen Faden, der gut an der einen hinteren Kopfhälfte vernäht ist, mit einer sehr langen, spitzen Nadel schräg durch den Kopf zum einen Auge. Stechen Sie ca. 0,5 cm von der Nasenwurzel entfernt wieder ein, führen Sie die Nadel unter der Nasenwurzel hindurch zum anderen Auge, und stechen Sie die Nadel anschließend so durch den Kopf, daß Sie den Faden an der anderen hinteren Kopfhälfte vernähen können. Der Faden muß gut angezogen und vernäht werden. Er darf sich nicht lösen können, da sich der Ausdruck des Gesichtes verändern würde.
Sobald der Kopf mit dem Gesicht gestaltet ist, stopfen Sie das verbleibende Stück Schlauchbinde mit dem jeweiligen Füllmaterial aus und nähen den so entstandenen Rumpf mit einigen Stichen zu. Das Längenverhältnis von Kopf und Rumpf soll 1 : 1,5 betragen. Das am Hals der Puppe verbleibende Stück Trikot wird ringsherum am Rumpf befestigt.
Eine Anleitung zur Herstellung der Puppenkörper finden Sie auf Seite 32 bis 33.

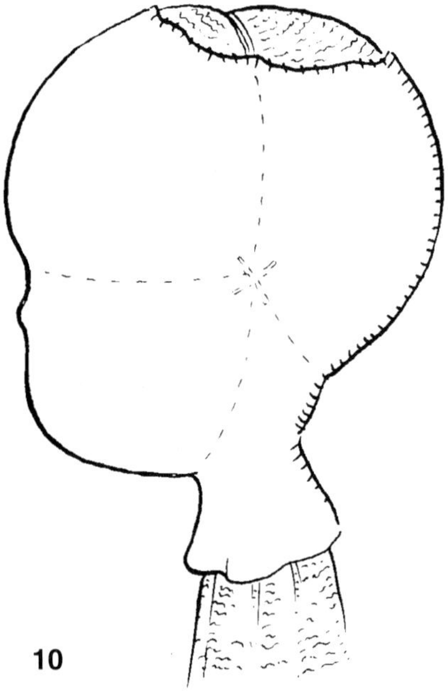

10

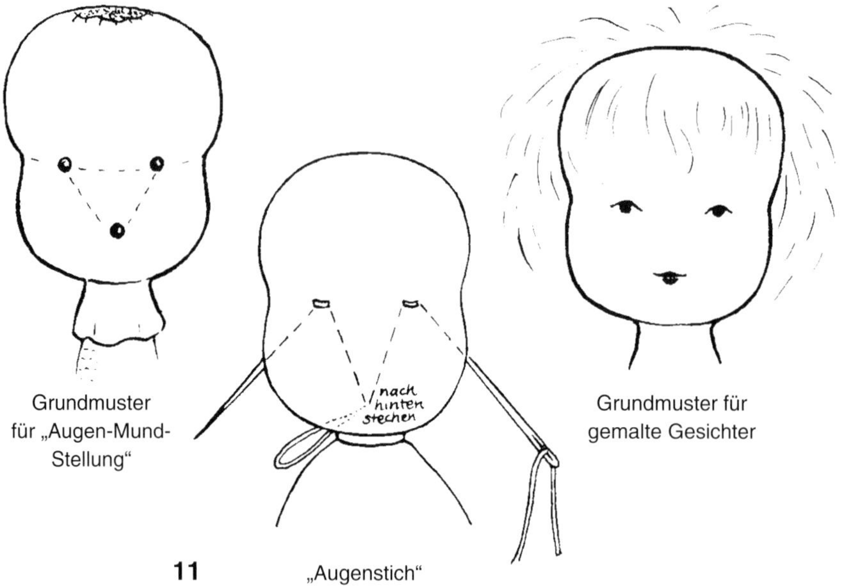

Grundmuster für „Augen-Mund-Stellung"

„Augenstich"

Grundmuster für gemalte Gesichter

11

Die Gestaltung eines Puppengesichtes

Bei einer selbstgearbeiteten Stoffpuppe ist der Gesichtsausdruck immer von besonderer Bedeutung. Ein Kind, welches eine Puppe geschenkt bekommt oder sie sich selber aussuchen darf, wird immer zuerst auf das Gesicht schauen. Lächelt die Puppe? Kann ich mit ihr „sprechen", hat sie einen lieben, freundlichen und warmen Ausdruck? Oder schaut sie ein bißchen grimmig oder gar starr? Leider habe ich immer wieder feststellen müssen, daß gerade beim Gestalten der Gesichter nicht vorsichtig und auch nicht künstlerisch genug vorgegangen wird. Ein langsames „Sich-Hineinvertiefen" in den Ausdruck eines noch unbemalten Gesichtes und eine ruhige Hand sind Voraussetzung für das Anmalen eines Gesichtes mit Stoffmalfarben. Ist das nicht der Fall, sollten Sie lieber kleine „Knötchenpunkte" als Augen sticken oder das Gesicht zart mit Buntstiften bemalen.

Einige grundsätzliche Hinweise:

- Sie können mit einer dünnen Redisfeder malen, aber auch einen Stecknadelkopf benutzen, mit dem Sie die Farbe vorsichtig auf den Puppenkopf tupfen.
- Bitte üben Sie zunächst auf einem Stück Stoff.
- Beachten Sie das Grundmuster für die „Augen-Mund-Stellung".
- Ziehen Sie den zarten Lidstrich nicht zu weit nach unten.
- Nehmen Sie sich Zeit für das Anmalen! Stützen Sie den Arm, in welchem Sie die Puppe halten, fest auf.

Wenn ich ein Näschen geformt oder ein abgebundenes Gesicht habe (z.B. *Die Schulklasse, Tilly* und *Puppenkasper,* Seite 24 bis 31!), versuche ich, die Augen ausdrucksvoll zu gestalten, indem ich die Grundfarbe (z.B. Blau) mit Weiß mische und eine Pupille sowie einen Lichtpunkt in jedes Auge setze. Den Mund deute ich meist erst mit einem Buntstift an, bevor ich ihn mit einem dünnen Pinsel ausmale. Erwachsenengesichter (z.B. *Koch, Schäfer,* Seite 50 und 52) male ich immer mit Buntstiften vor und versuche dann vorsichtig, mit dem Pinsel die Konturen auszumalen. Auch Schatten, Falten und Wangen werden nur mit Buntstiften angedeutet.

Übrigens male ich die Gesichter meiner Puppen immer erst an, wenn die Puppenkörper genäht sind, die Puppen Haare haben und oft sogar schon angezogen sind. Das ist vielleicht ein kleines Risiko, aber es verpflichtet mich auch, mit aller Liebe und Sorgfalt zu malen. Wenn die Puppe mich zart anlächelt oder verschmitzt lacht, habe ich das Gefühl, daß sie eine Seele hat und wirklich lebendig geworden ist.

schlichtes Gesicht (z.B. *Rotkäppchen*)

Gesicht mit ausdrucksvollen Augen und einer Nase (z.B. *Die Schulklasse*)

älteres Gesicht mit Falten und Schatten (z.B. *Schäfer*)

Sternenkind und Sandmännchen

Über der Wiege eines Neugeborenen hängt ein großer Mond mit goldenen Sternen. Darauf lehnt ein weiches Püppchen mit einem Lockenkopf und schaukelt. Auch ein Sandmännchen mit einem Samtumhang und einem Säckchen in der Hand sitzt auf einem Mond. In den Mond kann eine Spieluhr eingearbeitet werden.
Diese Püppchen, die später als Kuschelpuppen für das Kleinkind vom Mond herab ins Bett kommen können, sind schlicht und sehr weich gearbeitet.

Der Kopf dieser Püppchen wird aus einem Stück Schlauchbinde Größe 3 hergestellt, der Anzug kann aus Frottee- oder Samtstoff genäht werden. Sie finden den Schnitt für den Anzug auf dem Vorlagenbogen. Sobald der Kopf geformt ist, wird zunächst das Oberteil des Anzugs am Hals angenäht. Der Rumpf wird mit Schafwolle gefüllt, bevor die Hose über diesen gezogen, angekräuselt und fest am Rumpf vernäht wird. Das Oberteil wird eingeschlagen und wie eine Passe ringsherum befestigt. Auch die kleinen, aus weichem Trikot genähten und mit Wolle gefüllten Hände und Füße müssen, sobald der Anzug locker und weich ausgestopft ist, eingekräuselt und an Ärmel- und Hosenenden angenäht werden.
Das Sternenkind bekommt eine Perücke aus Schaffell (Anleitung siehe Seite 36!), das Sandmännchen erhält Haare aus Wolle, die in einem Kranz um den Kopf gestickt wird, bevor die kleine Mütze am Kopf der Puppe angenäht wird.
Sobald die Gesichter der Puppen bemalt sind, können die Püppchen mit wenigen, festen Stichen auf einem ebenfalls mit Wolle gefüllten Mond befestigt werden. Die Spieluhr, die in den Mond eingearbeitet werden kann, gibt es im Hobby-Fachhandel.

Rotkäppchen

Auf den folgenden Seiten möchte ich Ihnen Puppen vorstellen, die schlicht gearbeitet sind, kein Näschen haben und durch liebevoll gestaltete Kleidung in Märchenpuppen verwandelt sind. Sie laden zum Nachspielen der Lieblingsmärchen und zur Identifikation mit den Gestalten dieser wundersamen, wahren Geschichten ein.

Ich erinnere mich an meine Kindheit, als wir Puppen und Bären verkleideten und sie ein Märchen aufführen ließen. *Kinder brauchen Märchen* ist ein Buchtitel des bekannten Autors Bruno Bettelheim. So wie wir regelmäßig den Kindern Märchen erzählen oder vorlesen sollten, damit sie die Spannungen, Gefahren und Lösungen als innere Seelenbilder aufnehmen können, so kann sich auch eine Figur aus einem Lieblingsmärchen „entpuppen". Später kann dieses Püppchen in die übrige Puppenfamilie des Kindes eingereiht werden. Aber für eine kurze Zeit können Schneeweißchen, Rosenrot oder das kleine Rotkäppchen seine Begleiter werden.

Für diese Puppen benötigen Sie den Grundschnitt Größe 4. Ich habe den Puppenkörper aus weichem Trikot genäht, da ich die Märchenpuppen besonders kindgerecht aus weichen und warmen Materialien arbeiten wollte. Die Gesichter der Märchenpuppen sind bewußt schlicht gehalten, damit Spielraum für die kindliche Phantasie bleibt. Oft genügt es, das Gesicht der Puppen mit wenigen Stickstichen anzudeuten. Der Charakter einer Puppe kann so von den Bedürfnissen des Kindes bestimmt werden. Die Haare dieser Puppen sind aus farbiger Schafwolle. Bei diesen kleinen Puppen habe ich durch einen zusätzlichen Nähstich den Daumen herausgearbeitet.

Haare aus farbiger Schafwolle

Zwei Stränge Schafwolle werden über den Puppenkopf gelegt. Den Mittelscheitel können Sie auf der Nähmaschine so steppen, daß die Stiche kaum zu sehen sind. Den einen Strang legen Sie von der Stirn über den Kopf bis zum Nacken des Puppenkopfes und befestigen ihn mit wenig Puppenkleber am Kopf. Den anderen Strang legen Sie vom einen „Ohr" über den Kopf zum anderen „Ohr" und stecken ihn am Kopf fest. Anschließend befestigen Sie die Perücke aus Schafwolle mit kleinen Stichen ringsherum am Kopf. Verwenden Sie möglichst ein Garn, dessen Farbton mit der Farbe der Schafwolle übereinstimmt. Aus dem offenen Haar können zwei lustig abstehende Zöpfe (*Rosenrot*), ein langer Zopf (*Rotkäppchen*) oder zwei Schnecken (*Schneeweißchen*) geflochten werden.

Schneeweißchen und Rosenrot

Immer wieder hat die Mutter abends das Märchen von Schneeweißchen und Rosenrot erzählt, von dem braunen Bären, der im Winter Zuflucht in dem kleinen Häuschen fand und mit dem die Kinder spielen und toben konnten. Erst, als der Bär im Frühling die Hütte verließ, sah Schneeweißchen ein Stück Goldhaut unter dem struppigen Fell schimmern ...

Nils Holgersson

In einer Großstadt, inmitten vieler grauer Häuser, lebt eine junge Frau mit ihren drei kleinen Kindern. Die Geschichte von dem kleinen schwedischen Jungen Nils, der auf der Gans Akka von Kebnekajse über das Land fliegt, faszinierte die Kinder so sehr, daß sie sich einen Nils wünschten.
Der Körper in Größe 1 wird mit Schafwolle locker gefüllt und an den Schenkeln so abgesteppt, daß die Beine beweglich sind. Hände und Füße werden abgebunden. Kurze Strubbelhaare aus Wolle, ein rotes Zipfelmützchen, Weste, Hose und die typischen kleinen Holzschuhe verwandeln diese Puppe in den verzauberten Nils Holgersson. Für die Haare sticken Sie einen Kranz aus Wolle im Schlaufenstich (siehe Seite 41!) um den Kopf herum. Die einzelnen Schlaufen werden anschließend aufgeschnitten, die Wolle gebürstet. Die Gans Akka ist aus weißem Filz gearbeitet und mit Schafwolle gefüllt.

Däumelinchen

Das Däumelinchen, das auf einem Seerosenblatt schwimmt, ist genauso wie der Winzling Nils gearbeitet. Sie hat weiches langes Haar aus ungesponnener Tussa-Seide und trägt einen kleinen Kranz aus Seidenblumen. Däumelinchen kann ebenso wie Nils als kleine Spielpuppe für ein Puppenhaus verwendet werden. Ihre Haare sollten in diesem Fall aus ungesponnener Schafwolle oder Wolle sein, damit das Püppchen weniger empfindlich ist.

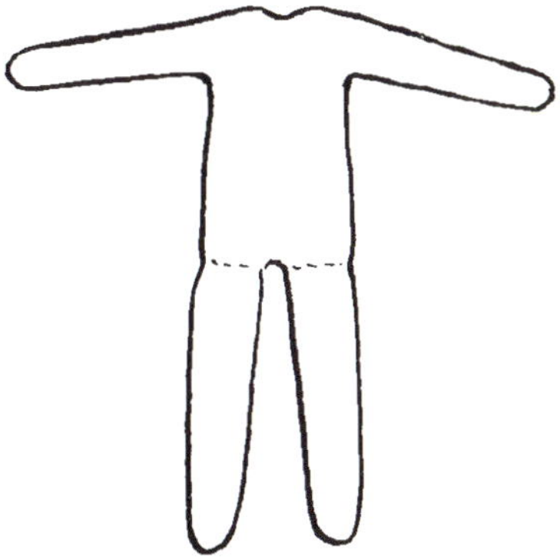

Hänschen im Blaubeerwald

Eines der ältesten und beliebtesten Bilderbücher ist das Buch der schwedischen Illustratorin Elsa Beskow. Es erzählt die Geschichte von Hänschen, der verzaubert in einen verwunschenen Blaubeerwald kommt, in dem ihm gute Geister beim Sammeln der Beeren helfen.

Damit sich der kleine Puppenjunge bewegen kann, habe ich für ihn ein „Skelett" aus Sisalschnur gearbeitet. Er hat ein winziges Stupsnäschen, gestickte Wollhaare mit einzeln aufgesetzten Wollfäden und einen runden, roten Hut.

Die Herstellung beweglicher Puppen
(*Hänschen, Max und Moritz*)

1. Kopf mit Rumpf (Schlauchbinde Größe 3) formen und beim Abbinden des Halses ein Stück Sisalschnur mit einarbeiten. Diese Sisalschnur muß am oberen und unteren Ende umgeknickt und mit Schafwolle gut umwickelt werden, damit keine losen Drahtenden herausragen können.

2. Die Mitte eines ca. 28 cm langen Sisaldrahtes von hinten an der Schulter fest annähen.

3. An der unteren Rumpfhälfte wird ein 28 – 30 cm langer Sisaldraht so befestigt, daß zwei gleich lange Beine entstehen. Sie können mit der Nadel in die Schnur stechen, da diese aus Hanf besteht. Die Schnüre müssen gut vernäht werden. Sie dürfen auf keinen Fall im Rumpf hin- und herrutschen. Die Enden der Drähte gut mit Schafwolle umwickeln.

4. Die Arme und Beine mit Schafwolle umwickeln. Die restliche Schafwolle am Körper befestigen.

5. Die Schafwolle mit Rasant-Garn umwickeln.

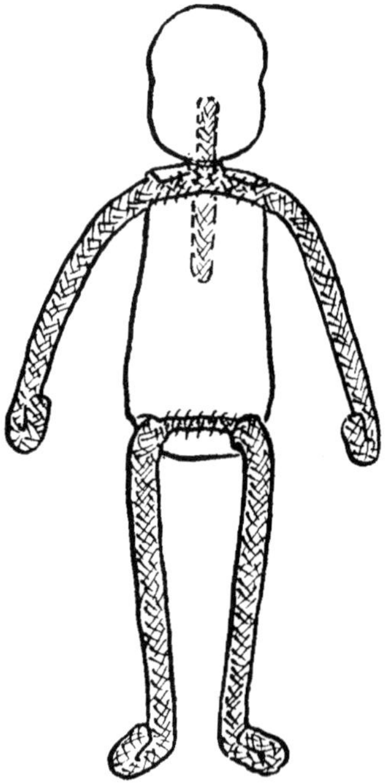

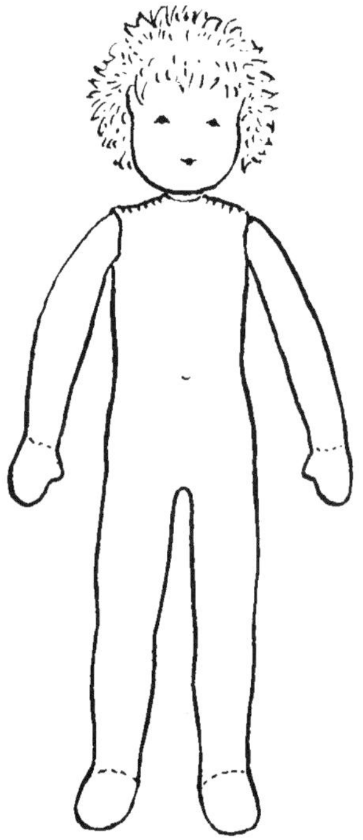

6. Zum Schluß wird der aus weichem Trikot genähte Körper (Größe 4) über den Körper gezogen, wobei jetzt noch „Polsterungen" für Bauch und Po vorgenommen werden können. Der Anzug muß so stramm über den Körper gezogen werden, daß keine Falten entstehen. Er wird am Hals und an den Schultern eingeschlagen und mit sehr kleinen festen Stichen angenäht.

7. Die Hände werden umkräuselt, evtl. ein Daumen dabei herausmodelliert, die Füße so umgeknickt, daß die Puppen später stehen können und im Knick mit Matratzen- oder Tunnelstich befestigt.

8. Grundsätzlich lege ich bei allen Puppen noch zum Abschluß ein schmales Stück Trikot um den Hals, der natürlich auch fest an den Körper angenäht werden muß. So kann ich den Hals besser herausarbeiten und die Puppe bekommt eine gut proportionierte Gestalt.

Max und Moritz

Max und Moritz diese beiden ... sind wohl die bekanntesten Lausebengel der Welt geworden. Wilhelm Busch hat ihre Streiche in seinen Bildergeschichten festgehalten.

Für diese Puppen habe ich den Grundschnitt in Größe 4 mit angesetzten Armen verwendet. Beide Puppen sind aus weichem Trikot gearbeitet und haben bewegliche Glieder (Anleitung siehe Seite 20!). Es reizte mich, durch die Abbindetechnik die unterschiedliche Physionomie der beiden Knaben herauszuarbeiten. Da ist zum einen das runde, verschmitzte Gesicht von Max mit dem dunklen Ponyhaarschnitt und das etwas schmalere, spitzbübische Gesicht von Moritz mit dem nach oben gekämmten, struppigen Haaren. Max bekam einen etwas runderen Kopf, während ich bei Moritz durch Querstiche mit einem reißfesten Faden in Schläfenhöhe die Kopfform schmaler gestaltete. Sein Kinn habe ich spitzer geformt und umnäht und die Augenhöhlen etwas enger gestickt. Max formte ich eine runde Knollennase, ganz im Gegensatz zu Moritz. Seine Nase habe ich spitzwinklig angenäht – nachdem sie mit Puppenleim eingestrichen und mit Trikot überzogen war – und spitzförmig modelliert, so daß sie vorwitzig und frech herausragt. Beide bekamen dann eine Perücke aus Mohairvlies (Anleitung siehe Seite 36!), die mit einer Bürste in die richtige Form gebracht werden kann. Sehr viel Freude machte mir das Anmalen der Gesichter, da ich meine Vorstellung von den beiden kleinen Bösewichtern realisieren konnte.

Tilly und die Puppenkasper

Weicher, bunter Nickistoff eignet sich besonders gut für bewegliche und kuschelige Puppen, die sich bei kleineren Kindern großer Beliebtheit erfreuen. Diese Puppen können Sie natürlich genausogut mit schlichten Gesichtern oder einer winzigen Nase arbeiten. Ich habe versucht, den Puppen, die ich *Tilly* genannt habe, einen kindlichen Ausdruck zu geben, während ich die Konturen der *Puppenkasper* stärker ausprägte.

Die Körper dieser Puppen bestehen aus einem mit Schafwolle gefüllten Anzug. Besonders effektvoll wirkt solch ein Anzug, wenn Sie die Teile aus verschiedenfarbigem Stoff arbeiten. Kräftige Farben und starke Kontraste sollten bei der Auswahl der Stoffe bevorzugt werden.

Das abgebundene Puppengesicht

1. Aus einer Schlauchbinde Größe 8 (*Tilly*) oder einer Schlauchbinde Größe 6 (*Puppenkasper*) wird ein Kopf geformt, der weicher und nachgiebiger sein muß als bei anderen Puppen.

2. Zunächst wird ein rundes Näschen gearbeitet (siehe Seite 9!). Anschließend spannen Sie von der Nasenmitte aus einen langen Faden aus reißfestem Garn über die linke Wange und vernähen ihn hinter dem einen „Ohr". Dieser Faden muß so stramm in die Wangen eingedrückt werden, daß eine „Spur" entsteht.

3. Der Faden wird in der „Spur" zurück zur Nase gelegt und unter der Nasenwurzel hindurch zur anderen Wange geführt, damit die zweite „Wangenspur" entstehen kann.

4. Legen Sie den Faden über die rechte Wangenhälfte, und vernähen Sie ihn hinter dem rechten „Ohr". Führen Sie den Faden in der entstandenen „Spur" zurück zur Nase, ziehen Sie ihn unter der Nasenwurzel hindurch, und legen Sie ihn in die „Wangenspur" der linken Wange, damit Sie ihn hinter dem linken „Ohr" fest vernähen können.

5. Markieren Sie vorsichtig mit einer spitzen Nadel die Stelle, auf die Sie den „Mundfaden" legen wollen, indem Sie oberhalb und unterhalb des Fadens wenig Wolle als Ober- und Unterlippe modellieren. Achten Sie auf den richtigen Abstand zu den Augen. Rutscht der Mundfaden zu tief, sieht das Gesicht älter, erwachsener aus. Es ist eine Hilfe, sich an das Grundmuster eines gleichschenkligen Dreiecks zu halten (siehe Seite 10!).

6. Nähen Sie einen kleinen, runden Stich auf die markierte Stelle, indem Sie mit einer sehr spitzen, langen Stopfnadel von der Seite (Haaransatz im Nacken) in den Kopf hineinstechen, am rechten Mundwinkel herauskommen, den Faden bis zum linken Mundwinkel legen, und dann den Faden auf der gegenüberliegenden Seite herausführen.
Bei den Gesichtern der *Puppenkasper* (Abbildung Seite 29!) habe ich einen Dreieckstich genäht, der etwas über die Wangenfäden hinausgeht.

7. Der „Mundfaden" muß gut vernäht werden. Nun wird das Kinn vorsichtig gelockert, mit der Nadel rund oder spitz ausgeformt und mit zwei Stichen unterhalb des Kinns festgehalten.

8. Das genähte Gesicht wird mit Puppenleim dünn eingestrichen und mit Trikot überzogen.

9. Sehr wichtig ist, mit einer spitzen Nadel (die ich wie ein Modellierwerkzeug handhabe), alle Konturen vorsichtig nachzustreichen und nachzudrücken. Dabei kann die Nase eventuell noch spitzer herausgezogen, die Lippen über und unter dem Mundfaden herausgewölbt und mit der Nadel geformt werden. Dies alles muß geschehen, solange der Trikot durch den Leim noch feucht und somit „plastizierbar" ist. Solange der Leim noch nicht getrocknet ist, kann das individuelle Aussehen des Puppengesichtes gestaltet werden. Insofern ist die äußere Ausformung noch einmal

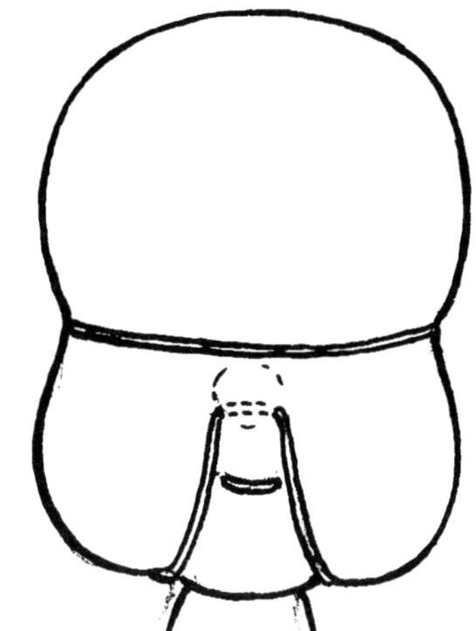

2 – 4

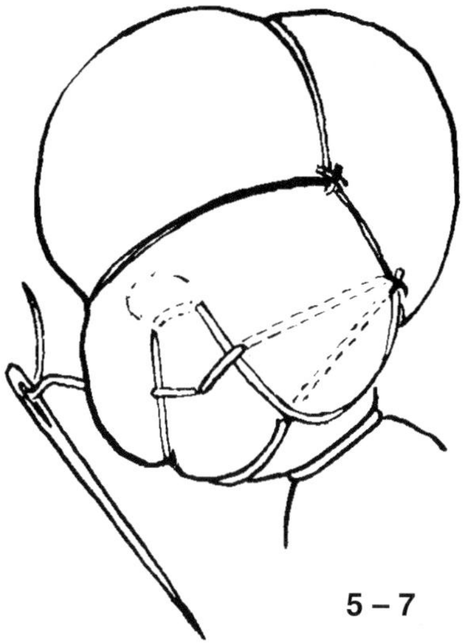

5 – 7

ein ganz eigenständiges und künstlerisches Arbeiten. Damit die Form von außen auch haltbar gemacht wird, muß – genau wie beim „Augenstich" (siehe Seite 10!) – rechts und links der Mundecken noch je ein fester Stich gesetzt werden. Vorsicht nur bei zu dickem Einstreichen! Sollte Leim durch den Trikot gedrungen sein, so ergibt das häßliche Flecken, die nicht zu vertuschen sind. In diesem Fall muß ein neues Stück Trikot über das Gesicht gespannt und das Modellieren noch einmal wiederholt werden.

Sobald der Rumpf der Puppe mit wenig Schafwolle locker und weich ausgestopft ist, kann der aus Nickistoff genähte und mit wenig Schafwolle gefüllte Anzug (Sie finden den Schnitt auf dem Vorlagenbogen) über den Rumpf gezogen und am Hals befestigt werden. Die Hände aus einem quadratisch zugeschnittenen, an den Rändern eingekräuselten und mit Schafwolle gefüllten Stück weichem Trikot und die ausgestopften Schuhe nähen Sie an den Anzug. Die *Tillys* tragen Zipfenmützen, die ebenfalls aus Nickistoff gearbeitet werden. Die Haare sind aus Schafwolle, die am Haaransatz aufgeklebt und mit der Mütze zusammen am Kopf befestigt wird. Wenn Sie sich den Körper der Puppe besonders weich wünschen, brauchen Sie nur einen kurzen Rumpf zu stopfen und den übrigen Nickianzug mit Schafwolle auszufüllen. Kleine Glöckchen können an die Spitzen der Zipfelmütze, der Schuhe und an der „Knopfleiste" angenäht werden.

Die Herstellung eines Puppenkaspers

1. Zunächst wird ein Kasperkopf geformt (Abbildung siehe Seite 29!). Als „Haarkranz" kann entweder ein Fellrest oder in Schlaufen gestickte und später aufgeschnittene Wolle verwendet werden. Die bunte Zipfelmütze mit dem Glöckchen wird ebenfalls an den Kopf genäht.

2. Der Rumpf wird mit Schafwolle gefüllt und ein runder „Wulst" aus gerollter Schafwolle am unteren Ende befestigt. So wird der Kasper besser sitzen können.

3. Die Gliedmaßen, die aus mit wenig Schafwolle weich ausgestopften Schlauchbinden der Größe 3 bestehen, werden auf der Schulter und 2 – 3 cm oberhalb des Rumpfes angenäht. Die Arme müssen so lang sein, daß der Kasper mit den Händen über die Kopfmitte reichen kann. Die Arme und die Beine sind ca. 35 cm lang.

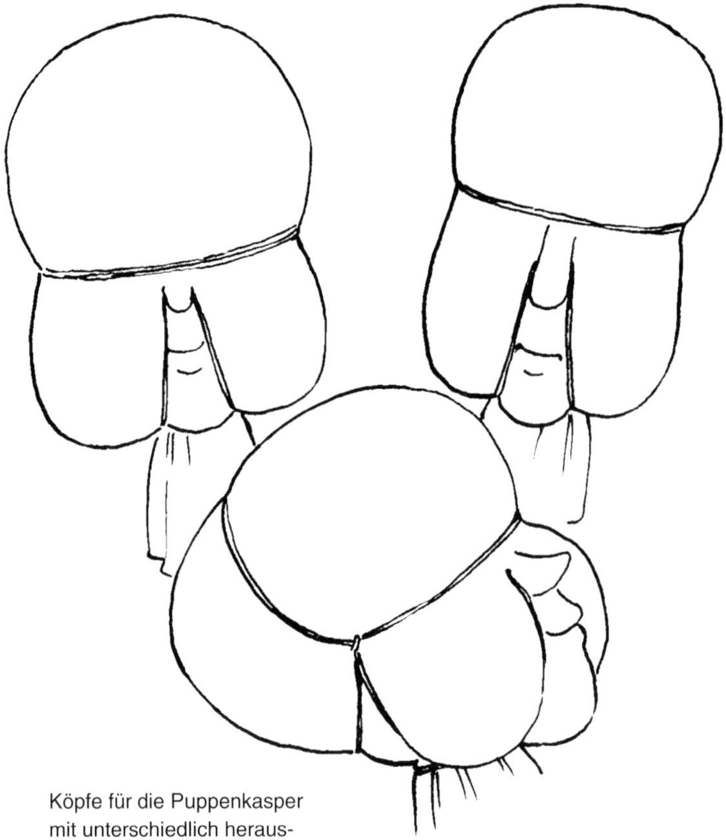

Köpfe für die Puppenkasper mit unterschiedlich herausmodellierten Nasen

4. Mit reißfestem Garn werden die Armbeugen und die Kniegelenke mehrere Male umwickelt.

5. Die aus Trikot genähten und mit Schafwolle gefüllten Hände und die Füße, welche aus einem zur Kleidung des Kaspers passenden Stoff genäht und ebenfalls gefüllt sind, werden an die Gliedmaßen genäht.

6. Nun steigt der Kasper in seine weite Pluderhose, die in der Taille befestigt wird.

7. Auch das genähte Kittelchen wird am Hals, den Ärmeln und in der Taille gut vernäht.

8. Für den Kasper im grünen Anzug wurde der Körperschnitt aus zwei verschiedenfarbigen Stoffen zusammengesetzt. Er trägt eine karierte Weste.

Sie finden sicher noch andere Möglichkeiten, einen Kasper zu gestalten. Probieren Sie es doch einmal mit anderen Stoffen und Verzierungen!

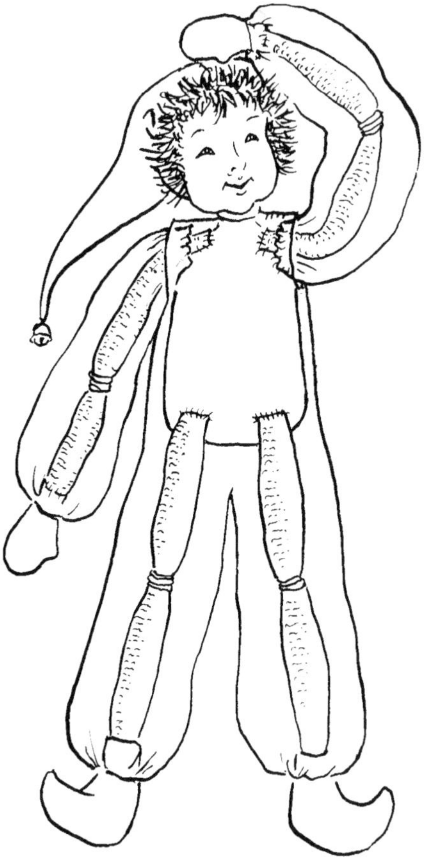

Puppenkasper

Drei fröhlich dreinschauende Puppenkasper aus Nickistoff schaukeln, klettern und sitzen gemütlich in dieser Runde. Sie erkennen auf der Abbildung die kleine stupsige, die lange spitze und die runde, etwas breitere Nase. Der kleine Kletterer hat einen einteiligen Anzug mit bunter Weste an, während die beiden anderen Puppen ein Oberteil aus buntem Baumwollstoff und eine Pluderhose tragen. Bei allen drei Puppen ist die Kleidung fest an den Körper angenäht. Diese Puppenkasper, die zum Spielen für Jungen und Mädchen ab ca. vier Jahren gedacht sind, sollten besonders beweglich sein. Deshalb habe ich die Gliedmaßen der Puppen aus Schlauchbindestükken der Größe 3 genäht (Anleitung siehe Seite 26!).

Ich habe festgestellt, daß diese Puppe auch als Geschenk für einen Erwachsenen gut geeignet ist. Stellen Sie sich vor, wie so ein positiv und fröhlich dreinschauender kleiner Kerl in einem seriösen Umfeld, z.B. in einem Büro, zu einer phantasievollen Entspannung beitragen kann.

Die Schulklasse

Sechs Kinder einer Schulklasse haben sich zum Gruppenbild zusammengefunden. Drei von ihnen sind Kinder, die jetzt in Deutschland leben: Tarik aus Afrika (Eritrea), der kleine Paolo aus Südamerika und Hacer, deren Eltern aus der Türkei stammen.

Es sind sechs unterschiedliche Puppenkinder und bei jedem von ihnen versuchte ich, durch die Auswahl des Trikots (Hautfarbe), die Frisuren und die Gestaltung der Gesichter das individuelle und typische Merkmal ihres Wesens aus meiner Vorstellung heraus sichtbar zu machen.

An diesen Puppen, die in Größe 6 gefertigt sind, will ich das Zusammensetzen von Körper und Gliedmaßen erklären.

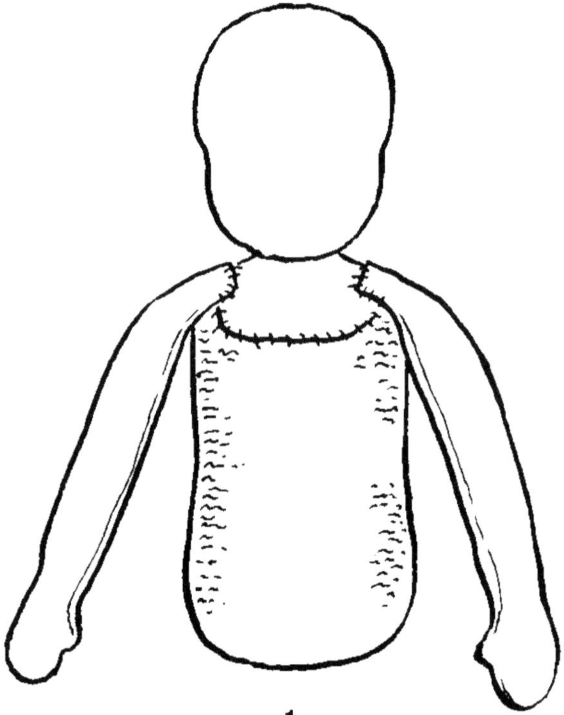

1

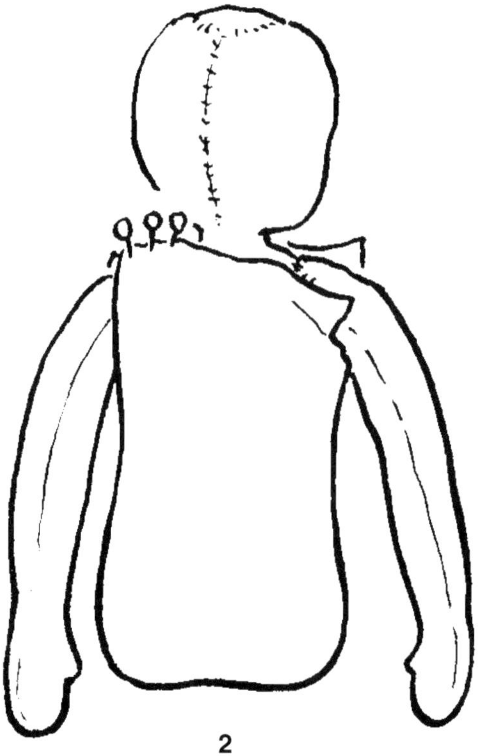

2

Die Herstellung eines Puppenkörpers

1. Die Herstellung des Kopfes und das Anmalen der Gesichter wird auf den Seiten 8 bis 11 erklärt.

Fast jede Puppe – bis auf wenige Ausnahmen, in denen Puppen sehr weich gearbeitet werden sollen – hat einen Rumpf, der immer 1,5 mal so lang ist wie der Kopf. Der Rumpf besteht aus dem bei der Herstellung des Kopfes verbleibenden Stück Schlauchbinde, das mit Schafwolle gefüllt und mit einigen Nähstichen geschlossen wird. An den Rumpf werden in Schulterhöhe die mit Schafwolle sehr fest ausgestopften Arme angenäht. Dabei ist darauf zu achten, daß die Naht und der Daumen zum Körper gewendet sind und die Arme nicht zu stramm vom Körper abstehen. Die Beweglichkeit der Arme wird erreicht, indem jeweils am oberen Ende der Arme ca. 1 cm *nicht* ausgestopft wird.

2. Anschließend wird die Körperhülle über den Rumpf gezogen. Zuvor kann durch Auspolsterung oder einen angenähten „Wulst" am Rumpfende ein Po geformt werden. Damit die Körperhülle sich wirklich gleichmäßig und fest um den Rumpf „anschmiegt", müssen alle Unebenheiten gut mit Schafwolle umlegt sein.

3. Rechts und links des Halses, also auf Schulterhöhe, wird ebenfalls eine kleine Polsterung vorgenommen, bevor der Anzug auf der Schulter geschlossen wird. Die Zeichnung verdeutlicht, daß

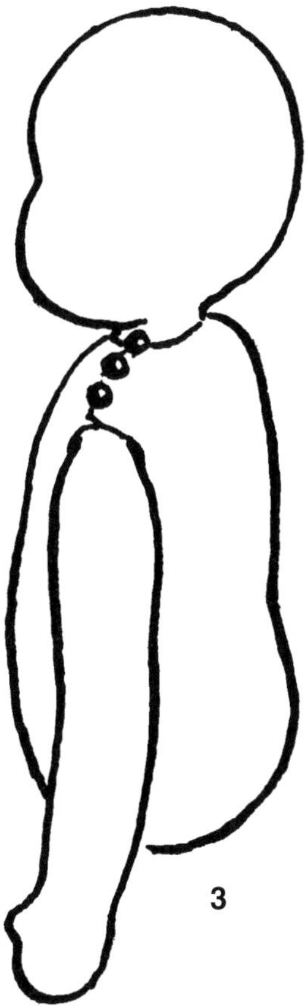

3

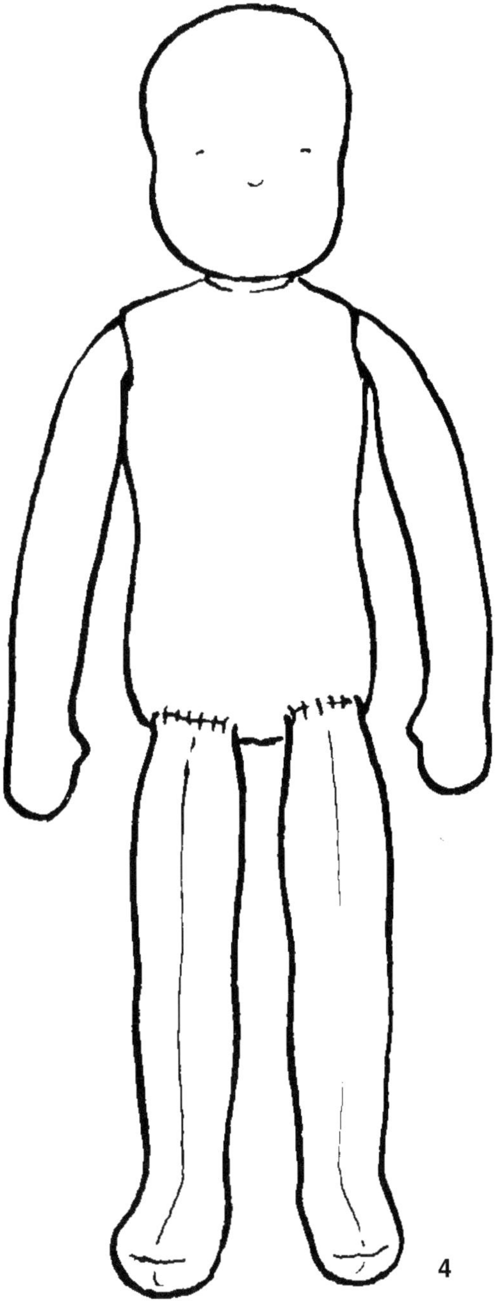

4

die senkrecht in die Schulter gesteckten Stecknadeln die Körperhülle zusammenhalten. Die Öffnung wird mit sehr kleinen unsichtbaren Matratzenstichen geschlossen.

4. Die genähten und mit Schafwolle gefüllten Beine werden ca. 2 cm oberhalb der Rumpfnaht gut angenäht. Da auch die Beine sehr beweglich sein müssen, werden diese wie auch die Arme nicht vollständig ausgestopft. Achten Sie darauf, daß Sie die Naht auf einer Linie nähen.

Tarik

Tarik, der kleine Fußballspieler, hat eine dicke, wuschelige Perücke aus schwarz gefärbtem Lammfell. Seine Gesichtszüge sind stärker herausmodelliert, vor allem im Mundbereich. Beim Anmalen habe ich die Augen und den Mund erst mehrmals weiß grundiert, bevor ich mit brauner, schwarzer und roter Stoffmalfarbe dem Gesicht den richtigen Ausdruck verliehen habe. Puppenschuhe wie diese Turnschuhe können Sie im Hobby-Fachhandel kaufen.

Philip

Philip trägt eine Lederhose aus festem Wildleder, ein kariertes Hemd und eine handgestrickte Trachtenjacken. Er hat eine Perücke aus braunem Mohairvlies. Fröhlich leuchten seine Augen.

Meinen Puppen ziehe ich sehr gern und häuftig selbstgestrickte Kleidungsstücke an, die in liebevoller Handarbeit von mir bekannten Großmüttern für meine Puppen angefertigt werden. Basti hat einen handgestrickten Pullover an, Philip trägt eine Wolljacke.

Die Perücken

Wenn Sie für eine Puppe eine Perücke anfertigen wollen, können Sie den in der Zeichnung angegebenen Schnitt leicht übertragen.

1. Messen Sie den Umfang des Kopfes Ihrer Puppe. Der Umfang des Kopfes entspricht der Länge des Streifens, den Sie aus dem gewählten Material (Mohairvlies oder Fell) zuschneiden. Benutzen Sie zum Schneiden des Fells oder der Mohairtresse einen scharfen Universalschneider, am besten allerdings arbeiten Sie mit einem Skalpell, das Sie in der Apotheke erhalten. Der Streifen muß so breit sein, daß er den Kopf der Puppe vom Haaransatz an gut bedeckt.

2. Schneiden Sie den Streifen, wie in der Zeichnung angegeben, zu.

3. Schließen Sie mit einer Ledernadel und einem reißfesten Faden die Perücke an der Schmalseite des Streifens bis zur Rundung. Bei einer Perücke aus Mohairvlies kann diese Naht mit der Nähmaschine genäht werden. Diese kräuseln Sie ein, ziehen sie fest zusammen und nähen die entstandene Spitze mehrere Male gut zu. Dabei sollten Sie darauf achten, daß alle Fell- oder Mohairhaare nach innen zeigen.

Die Perücke wird gewendet und, sobald die Kopfhaut mit wenig Weißleim eingestrichen ist, fest auf den Puppenkopf gedrückt. Sollte sie etwas zu groß geworden sein, werden die Ränder vorsichtig mit dem Universalschneider entfernt. Die Perücke wird mit sehr kleinen, sauber genähten Matratzenstichen am Kopf befestigt. Bei einer Mohairperücke müssen Sie unbedingt einen kleinen Saum nach innen umlegen, damit der Haaransatz sauber aussieht und nicht ausfranst.

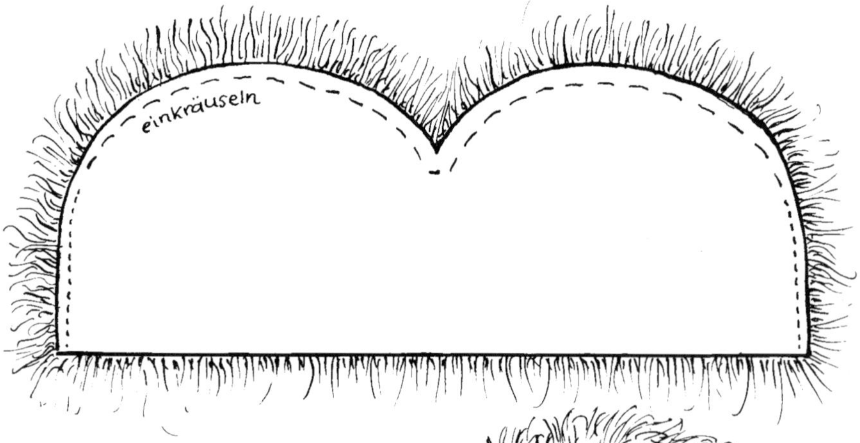

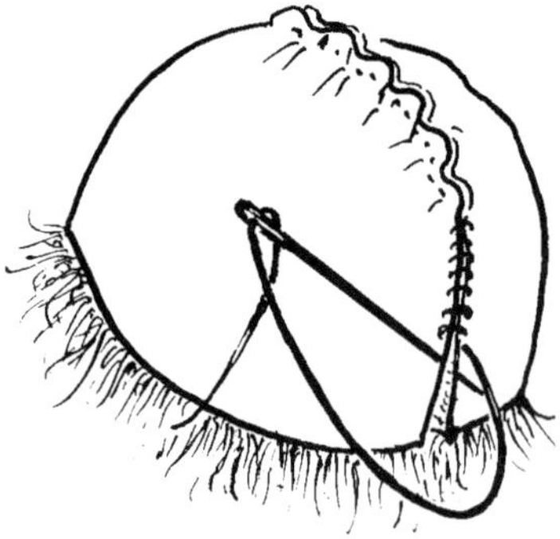

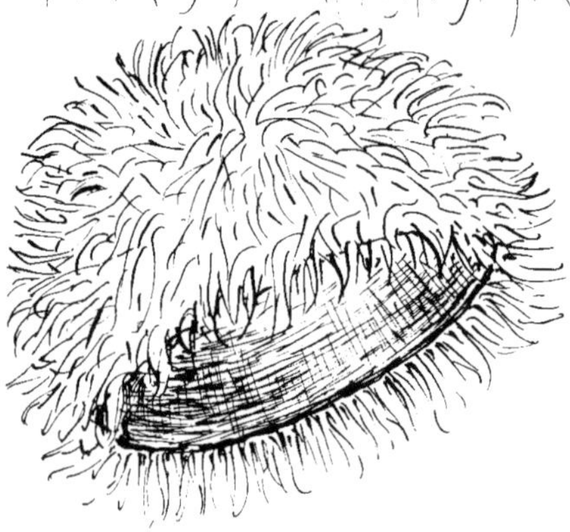

Basti

Auch Basti, das kleine verträumte Pummelchen mit den Pausbacken, hat eine Perücke, die aus einem Rest Lammfell gearbeitet ist. Wenn Sie eine Perücke mit Locken herstellen wollen und kein Lammfell zur Verfügung haben, können Sie diese aus dicker Bouclé-Wolle fertigen. Häkeln Sie die Perücke wie eine Mütze, die Sie der Kopfform anpassen (Nadelstärke 3 – 3,5). Nach jeder zweiten, festen Masche häkeln Sie ein Stäbchen.
Den Körperschnitt dieser Puppe habe ich um 1 cm verbreitert, die Wangenpartie habe ich besonders rund abgebunden.

Katharina und Hacer

Die beiden Mädchen, Katharina und Hacer, haben gestickte Haare aus Wolle (siehe Seite 40!). Katharina – Sie sehen sie beim Geigenvorspiel – hat einen Mittelscheitel und stramm geflochtene Zöpfe, während Hacer, ihre türkische Freundin, ihre vollen, schwarzen Haare, die nur knapp bis zur Schulter reichen, offen trägt. Hacer trägt eine Brille. Brillen für Puppen gibt es in jedem Bastelgeschäft. Diese Puppenbrille ist mit Nagellack modisch angemalt.

Gestickte Haare aus Wolle

Die Zöpfe
1. Für den Spannstich brauchen Sie eine dicke, längere Stopfnadel *mit* Spitze. Markieren Sie mit einem weichen Bleistift den Haaransatz, damit Sie nicht zu weit in die Stirn sticken.

2. Spannen Sie Wollfäden vom Scheitel ausgehend mit langen Stichen über den ganzen Kopf, indem Sie immer nur wenig unter den Trikot stechen (den Wollfaden nie durch den Kopf führen!!). Diesen Arbeitsschritt wiederholen Sie solange, bis der Kopf gut bedeckt ist.

Bei Katharina habe ich die Wollfäden auf beiden Seiten des Kopfes immer vom Ansatz der Zöpfe aus bis zum Mittelscheitel gestickt und Anfang und Ende der Wollfäden für die Zöpfe hängen gelassen.

Um für ein Puppenkind besonders dicke Zöpfe flechten zu können, sticke ich zusätzlich an beiden Seiten des Kopfes einzelne, lange Wollfäden oberhalb der „Ohren" an den Kopf:

1. Sobald der Kopf mit im Spannstich gestickter Wolle bedeckt ist, nehmen Sie einen langen, doppelt gelegten Wollfaden und stechen mit der Nadel an einer Seite des Kopfes unterhalb des Halsansatzes ein.

2. Lassen Sie den Wollfaden in der für den Zopf benötigten Länge hängen. Führen Sie die Nadel ca. 1 bis 2 cm oberhalb der Einstichstelle wieder heraus.

3. Drehen Sie die Nadel mit der Spitze nach unten, stechen Sie erneut ein und kommen Sie zwischen den beiden Einstichstellen wieder heraus. Diesen „Rückstich" wiederholen Sie noch einmal, damit der „Haarfaden" gut befestigt ist.

Vielleicht klingt das ein bißchen kompliziert. Wenn Sie es dennoch versuchen, werden Sie feststellen, daß Sie schöne, feste Zöpfe flechten, die von Kindern nicht so leicht herausgezogen werden können.

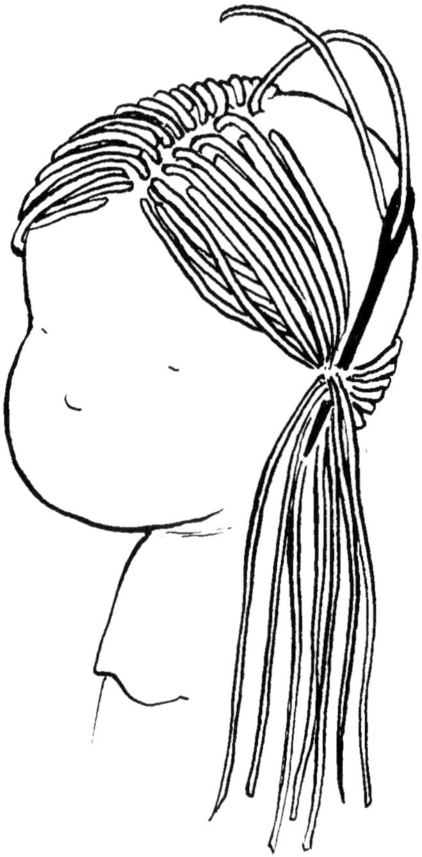

Zöpfe (Spannstich)

Der Wuschelkopf
Bei Hacers „Wuschelkopf" habe ich mir das Sticken etwas einfacher gemacht: Zuerst bedecken Sie mit Spannstich die Kopfhaut. Sie nehmen einen doppelt gelegten Wollfaden und sticken rings um den Kopf herum Schlaufen (Schlaufenstich) in der gewünschten Haarlänge. Dabei sollten Sie darauf achten, daß Sie den Faden tief in die „Ober- und Unterhaut" führen. Wenn Sie die erste Runde fertig haben, gehen Sie mit der Nadel Stich für Stich zurück und befestigen die einzelnen Schlaufen. Nun wiederholen Sie den Vorgang ein zweites und ein drittes – eventuell sogar ein viertes – Mal immer oberhalb der vorher gestickten Reihe. Die Schlaufenenden können bei jeder Runde etwas länger sein. Zum Schluß sticken Sie den Scheitel sauber mit dünnen Fäden nach und stutzen und schneiden die Frisur auf gleiche Länge. So bekommt ein Puppenkind eine schöne „Mähne".

Der Strubbelkopf
Für einen Strubbelkopf sollten Sie möglichst glatte Wolle verwenden.

1. Markieren Sie den Haaransatz mit einer feinen Bleistiftlinie.

2. Sticken Sie am Haaransatz entlang eine Schlaufe nach der anderen, wie in der Zeichnung angegeben, rund um den Kopf herum. Die Schlaufen werden jeweils mit einem Querstich befestigt.

3. Sticken Sie die Schlaufen dicht nebeneinander, spiralförmig über den gesamten Kopf, bis dieser ganz bedeckt ist.

4. Schneiden Sie alle Schlaufen auf, stutzen Sie die Haare auf eine Länge.

Wenn die Puppe eine Kopfbedeckung tragen soll, die fest am Kopf vernäht wird, brauchen Sie die Haare nur am Haaransatz entlang sticken. Dieses kann manchmal vorteilhaft sein, da das Sticken eines Strubbelkopfes sehr zeitaufwendig ist.

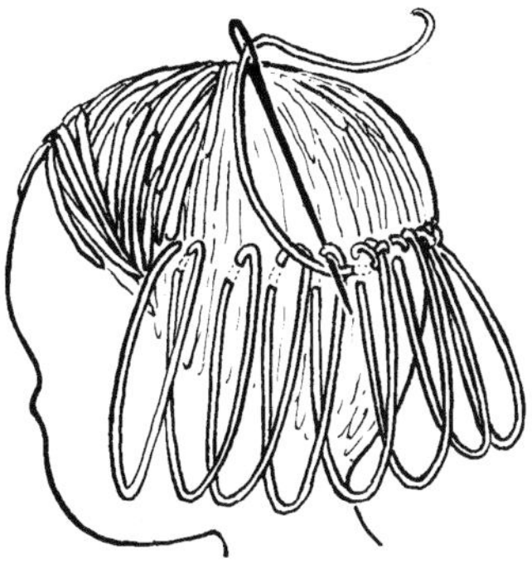

Wuschelkopf (Spannstich mit Schlaufen)

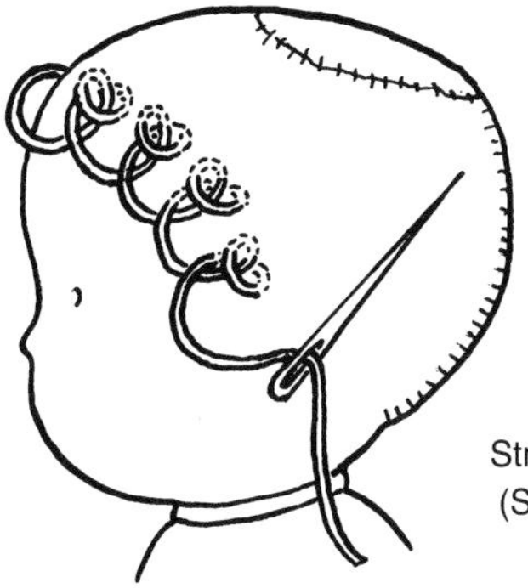

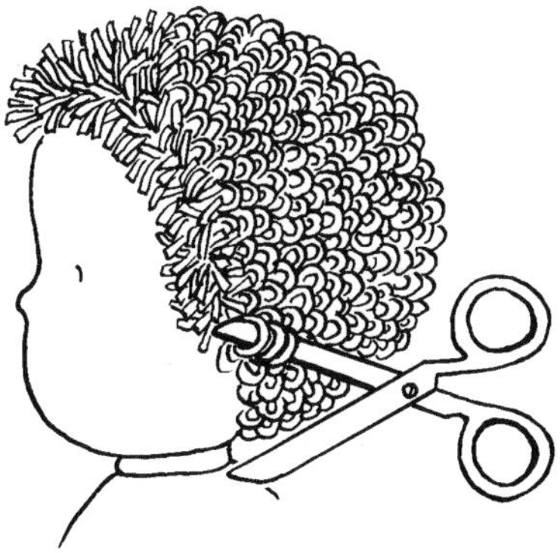

Strubbelkopf (Schlaufenstich)

Paolo

Ab und zu guckt ein kleiner südamerikanischer Junge durch das Schaufenster in mein Puppengeschäft. Seine runden, etwas schräg stehenden, schwarzen Augen schauen gespannt in die neue Umgebung, in der er nun aufwächst. In Gedanken nannte ich ihn Paolo.

Ich habe versucht, einen Puppenjungen zu arbeiten, der diesem Jungen gleicht. Weder der helle noch der braune Trikot ergaben die richtige Hautfarbe. So kochte ich einen großen Topf schwarzen Tee, mischte ihn mit viel Früchtetee (Maracuja) und ließ ein Stück Trikot fast eine Stunde darin liegen. Nach dem Trocknen sah ich, daß der helle Trikot eine zart bräunliche Farbe angenommen hatte. So bekam diese Puppe ihre Hautfarbe. Die Frisur des Jungen besteht aus schwarzen, glatten Fellresten, die zu einer Perücke zusammengenäht sind (Anleitung siehe Seite 36!). Auch aus Resten, die Sie in einer „Fell-Schatzkiste" sammeln können, lassen sich leicht verschiedene Haartrachten nähen.

Vor einiger Zeit traf ich übrigens den kleinen Jungen, der oft an meinem Schaufenster vorbeigeht, wieder. Als ich ihn fragte, wie er denn heiße, antwortete er: „Paolo!" Da mußte ich lachen und zeigte ihm den kleinen Puppenjungen, dem ich diesen Namen gegeben habe.

Charlotte

Ich möchte Ihnen drei Puppenmädchen (Größe 8) vorstellen. Zwei von ihnen sind etwas nostalgisch angezogen und haben Echthaarperücken, die Sie im Hobby-Fachhandel kaufen können. Mit diesen Puppen will ich Ihnen demonstrieren, daß auch handgefertigte Stoffpuppen Fertigperücken tragen können. Oft wünschen sich ja gerade größere Mädchen Puppenkinder, die sie ausgiebig kämmen dürfen und an denen sie die verschiedensten Frisuren ausprobieren können. Das ist besonders bei Charlottes dunklen Zöpfen gut möglich.

Christine

Christines Perücke erstand ich in einem Bastelgeschäft. Dieses Haar besteht aus weicher, sehr hochwertiger Mohairwolle. Die langen, feinen Fäden sind sehr fest zu kleinen Schnecken geflochten und an den Kopf gesteckt. Diese Puppe weckt Erinnerungen an die Zeit, als die kleinen Mädchen noch brav „gescheitelt" und adrett gekleidet im mütterlichen Haushalt halfen. Sie ist eine Puppe für „große Kinder" ...

Charlotte brav am Kochherd steht,

Christinchen an der Mangel dreht.

Und nur Pauline, frech und heiter

denkt – Schule mach' ich

jetzt nicht weiter.

Steigt über einen Zaun recht keck,

und wirft den Ranzen einfach weg.

Pauline

Pauline hat eine Perücke aus rotem Mohairvlies und ist praktisch und zeitgemäß angezogen. Ihre kleinen grünen Augen und die vielen Sommersprossen auf der Nase (mit der Spitze einer Stecknadel aufgetupft) geben dem Gesicht einen verschmitzten und fröhlichen Ausdruck. Pauline ist ein starkes Mädchen, die Barrieren überwinden kann und die Freiheit liebt.

In dieser Größe 8 (ca. 45 bis 48 cm) arbeite ich die meisten Puppen für Schulkinder. Sie sind oft über viele Jahre, auch wenn sie „abgeliebt" und „gestopft" wurden, die treuesten und liebevollsten Begleiter der Kindheit.

Hans-Michel

Diese Puppe (Größe 6) war die letzte von all den Puppenkindern, die im Sommer 1993 für dieses Puppenbuch entstanden. Ich hatte die Vorstellung, einen blonden kleinen Lausbuben mit struppigem Haar, einer frechen Ballonmütze und roten Hosen mit bunten Flicken zu arbeiten. Hans-Michel hat kleine runde, etwas abstehende Ohren, die aus einem quadratischem Stück Trikot (1 cm^2) genäht sind. Die blauen Augen stehen etwas enger zusammen, als es das Grundmuster vorgibt. So konnte ich dem Gesicht einen anderen Ausdruck geben. Die Puppe trägt eine Perücke (siehe Seite 36!) aus hellem Mohairvlies.

So stand der kleine Lausbub auf der sommerlichen Wiese im Schwarzwald und zog seinen Wagen mit Tannenzapfen.

Der Koch Giovanni

Der Koch Giovanni ist ein Meister in seinem Fach. Er richtet eine italienische Spezialität an.

Wenn Sie bereits viele Puppen gearbeitet haben, werden Sie vielleicht den Wunsch verspüren, auch Puppen „zum Leben zu erwecken", die eigentlich mehr für Erwachsene geeignet sind.
Dieser Wunsch ist öfter an mich herangetragen worden, sei es aus Anlaß einer Auszeichnung (Viersternekoch), eines Dienstjubiläums (Krankenschwester) oder runden Geburtstagen. In meiner Vorstellung mußte ich zunächst von ganz anderen Proportionen ausgehen und auch die modellierten Gesichter durften nicht zu kindlich wirken. Die Puppen sollten auch beweglich sein.
Auch im Kindergarten oder in der Familie können diese Puppen Freude und Anregung geben. Der Schäfer Johannes zum Beispiel findet in manchen Kindergartengruppen einen Platz auf dem Jahreszeitentisch. Dort werden viele Schätze der Natur (Wurzeln, Vogelnester, Steine, getrocknete Blumen, Früchte und Ähren) zusammengetragen, welche die Kinder gesammelt haben. Eines Tages könnte ein Schäfer mit seinen Schafen dazukommen. Er könnte inmitten der liebevoll zusammengetragenen Fundstücke sitzen. Dann könnten Geschichten von Schafen, von Wolle und von der Heide erzählt werden.

Für die Köpfe verwenden Sie Schlauchbinden Größe 8, Körper und Arme (Grundschnitt mit angesetzten Armen, siehe Seite 62 bis 63!) werden aus weichem Trikot genäht, und die Haare bestehen aus farbiger oder ungesponnener Schafwolle. Nur der Gärtner bekommt eine Perücke. Die Proportionen müssen so verändert werden, daß der Kopf fünf- bis sechsmal in die Gesamtlänge des Körpers mit den Beinen hineinpaßt und die Arme bis zu den Hüften reichen. Die Puppen erhalten abgebundene Gesichter (Anleitung siehe Seite 25!). Beachten Sie bei der Gestaltung der Gesichter die Hinweise auf der Seite 11!

Das „Skelett" dieser Puppen wird genauso wie bei *Max*, *Moritz* und *Hänschen* gearbeitet (Anleitung siehe Seite 20!). Sobald die Sisalschnüre mit Schafwolle umwickelt sind, wird über die Beine und die Arme eine „Unterhaut" in Form von Schlauchbinden Größe 3 gezogen und sehr stramm an der Hüfte bzw. an Brustkorb und Schulter vernäht. Dabei werden Sie bemerken, an welchen Stellen (z.B. an den Waden und den Oberarmen) Sie durch Nachwickeln und Nachstopfen den Gliedmaßen mehr Rundung und Form geben können. Die Enden der Schlauchbinden werden an den Händen und Füßen umgelegt und vernäht.

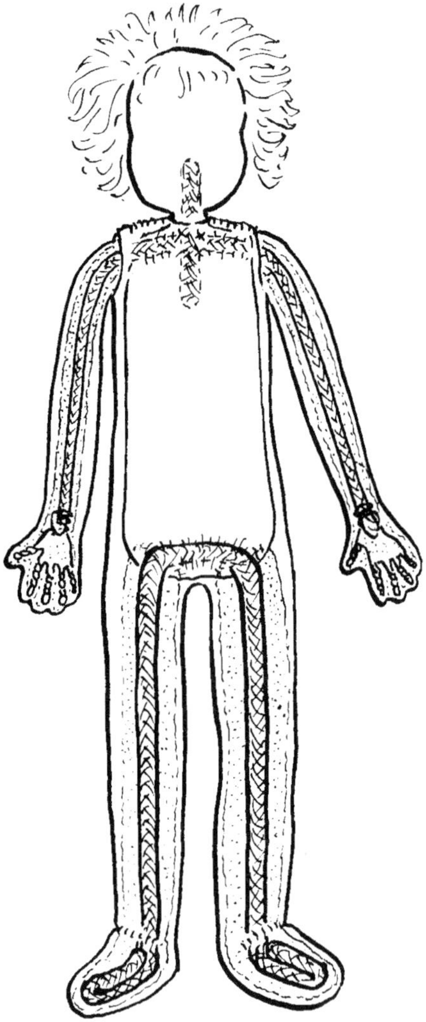

Der Schäfer Johannes

Der Schäfer Johannes sitzt versonnen auf einer Anhöhe im Heidekraut und hütet seine Schafe.

Der Bart und das Kopfhaar dieser Puppe sind aus grauer, ungesponnener Schafwolle. Der Pullover und der Schal können aus selbstgesponnener Wolle gestrickt werden. Ein großer brauner Schlapphut gibt ihm das typische Aussehen eines alten Schäfers. Der Schäfer hat bewegliche Hände. Die rechte Hand mit den beweglichen Fingern, die den knorrigen Ast hält, ist gut zu erkennen.

Die Herstellung beweglicher Hände

1. Formen Sie aus Draht ein „Handgerüst“ mit Daumen und vier Fingern.

2. Befestigen Sie je ein „Handgerüst“ an den Armen.

3. Drehen Sie die Drähte der Finger zu festen Schlaufen zusammen.

4. Umwickeln Sie jeden „Fingerknochen“ mit Schafwolle, und befestigen Sie die Wolle gleichzeitig mit reißfesten Fäden so, daß die Schafwolle nicht abrutschen kann.

5. Innen- und Außenseite der Hände werden genauso mit Wolle gepolstert und umnäht.

6. Ziehen Sie die aus weichem Trikot genähten Arme über das „Skelett“, nachdem Sie die Finger jeweils einzeln abgesteppt haben. Achten Sie darauf, daß jeder Finger auch richtig in die Fingeröffnung hineinpaßt. Eventuell müssen Sie noch ein wenig mehr Wolle hineinstopfen.

7. Nähen Sie den Trikot an den Schultern an, und formen Sie die Hände aus.

8. Mit einem doppelt gelegten, durchsichtigen Faden können Sie die Räume zwischen den Fingern und die kleinen „Kuhlen“ auf der Handoberfläche arbeiten.

9. Zum Schluß umkräuseln Sie noch mit kleinen Stichen das Handgelenk.

10. Ziehen Sie die aus weichem Trikot genähte Körperhülle über die Beine und den Rumpf. Schlagen Sie den Trikot an der Schulter ein, und nähen Sie ihn an Hals und Schultern zusammen. Legen Sie dabei ein Stück Trikot um den Hals, damit die Puppe gut proportioniert ist und der Kopf Halt hat.

11. Geben Sie der Puppe durch individuelle Kleidung und eine passende Frisur ihr typisches Aussehen.

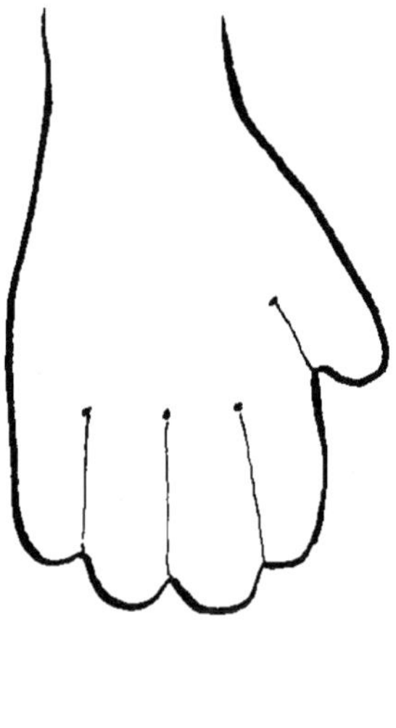

Die Kranken-schwester

Schwester Ilse trägt zwei kleine neue Erdenbürger auf dem Arm, die aus der Schlauchbinde Größe 1 gearbeitet werden. Die Gesichter der kleinen Babys sollten sehr vorsichtig und zart modelliert werden. Die Haare können Sie mit schwarzer oder gelber Mohairwolle sticken. Den Schnitt für ein Baby finden Sie auf Seite 63. Die weich ausgestopften Ärmchen werden mit einem kleinen Stich in der Armbeuge rund angewinkelt.
Die Krankenschwester trägt einen langen blonden Zopf, der aus gelb gefärbter Schafwolle gearbeitet ist (siehe Seite 40!)

Der Gärtner

Volker, der Gärtner mit den dunklen Locken, und das Blumenmädchen Liesel bringen die Obsternte ein.

Das Blumenmädchen Liesel habe ich in Größe 4 gefertigt. Für den Körper, der mit angesetzten Armen und Beinen gearbeitet ist, habe ich weichen Trikot verwendet. Diese Puppe trägt eine Perücke, die aus einem Stück Fell besteht, dessen lange Haare ich in zwei Zöpfe flechten konnte.

Kleine Nähanleitung für Puppenkleider

Die Hosen

Die Hose in der gewählten Länge säumen, die Innennähte der Hosenbeine schließen, beide Hosenbeine zusammennähen (Schnittnaht) und versäubern. Am Hosenbund einen Saum von 0,5 bis 1 cm nähen, dabei eine Öffnung lassen zum Einziehen für ein Gummiband. Wenn am unteren Rand der Hosenbeine ein Gummiband eingezogen werden soll, muß zunächst je ein 1 cm breiter Saum genäht werden.

Filzschuhe (Größe 4)

Die hintere Naht am Oberteil mit der Maschine schließen. Die Nahtkanten dagegensteppen und die Sohle von außen mit der Maschine annähen.

Mütze für Tilly

Den oberen Bogen (Vorder- und Hinterkopf) der rechten und linken Mützenhälfte zusammennähen. Die beiden Teile (Mittelnaht) über dem Kreuzungspunkt schließen. Unteren Mützenbogen bis Markierung zusammennähen. Beide Teile (Mittelnaht) über dem Kreuzungspunkt schließen. Unterer Mützenbogen bis Markierung zusammennähen. Fertige Mütze am Kopf einschlagen und über dem Haaransatz am Kopf der Puppe rundherum annähen.

Anzug für Tilly

Die Mittelnaht der rechten und linken Körperhälfte (zweifarbiger Anzug) zusammenfügen, so daß ein Vorder- und Rückenteil entsteht. Diese Teile unter Berücksichtigung von Kopf-, Hand- und Fußöffnungen zusammennähen.

Trägerröckchen für Katharina (Größe 6)

Rückwertige Naht am Rock schließen und einen Saum von 0,5 cm legen. Vordere und hintere Passe auf 6 bis 7 cm einkräuseln, danach diese am Rock ansteppen. Armloch und Passe mit Schrägstreifen, 30 bis 35 cm lang, versäubern und befestigen.

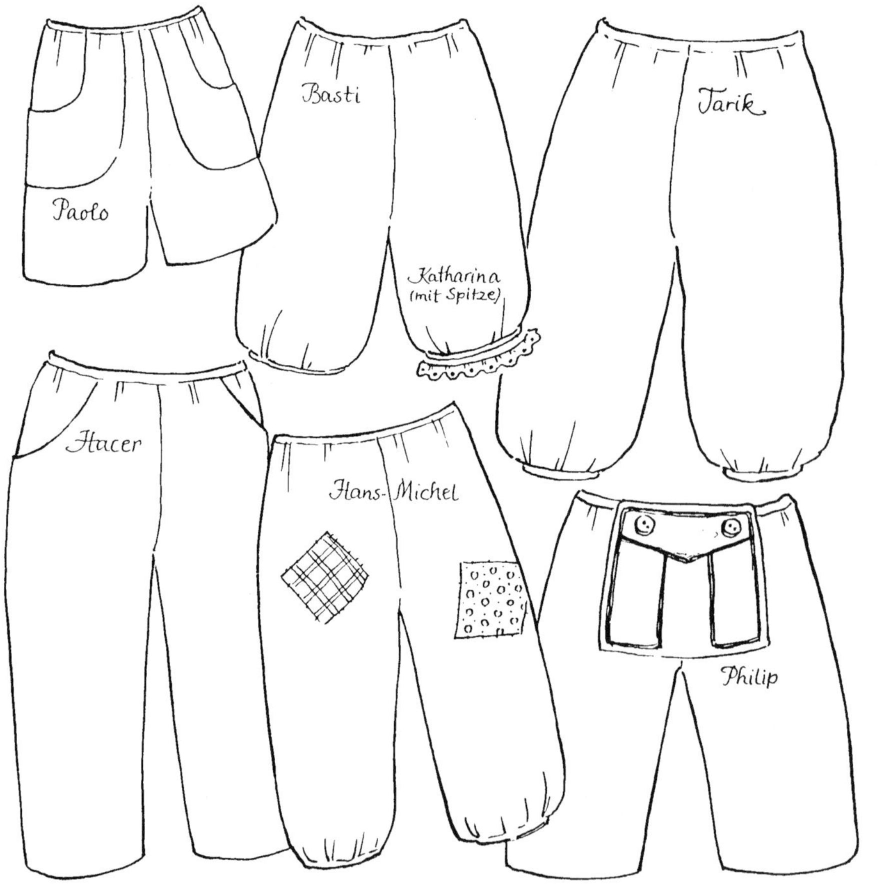

Bluse für Katharina (Größe 6)

Ärmel am Bündchen umsäumen und ein Gummi einnähen. Ärmelnaht schließen. In das Armloch den Ärmel nahtbreit einsetzen. Diese Bluse hat keine Seitennaht. Obere Kante der Bluse versäubern und Gummi einnähen. Dadurch entsteht die Rüsche.

Hintere Naht der Bluse schließen. Saum 1 cm einschlagen und nähen.

Raglankleid für Christine
(Größe 8)

Genau wie bei der Bluse: Ärmel versäubern und nähen. Die Seitenteile des Kleides schließen und versäubern. Saum 1,5 cm am unteren Rand nähen. Ärmel einsetzen, an der Halskante versäubern und Saum von gut 1 cm nähen. Danach eine Kordel einziehen. Die aufgesetzte Tasche versäubern, in der Rundung umheften und dann aufsteppen.

Nostalgieschürze für Charlotte
(Größe 8)

Hintere Rückennaht versäubern, Schultern schließen und am vorderen Halsausschnitt die Weite etwas einhalten. Hals und Armlöcher mit Schrägstreifen versäubern. Einen Schrägstreifen (5 cm) versäubern, einkräuseln und an die untere Kanten der Schürze ansetzen. Eventuell eine Tasche auf die rechte Seite aufsetzen. Am Halsausschnitt hinten eine Öse und einen Knopf einnähen.

Trägerröckchen und Bluse für Katharina

Nostalgiekleid für Charlotte
(Größe 8)

Schulternaht der Passe schließen und versäubern. Für rückwärtige Passe Vliseline bügeln und umstecken (für Knopfleiste Halsausschnitt versäubern mit Schrägband von 3 cm). Ärmel und Ärmelbündchen versäubern und Gummiband einziehen. Ärmel schließen. Rock zusammennähen und versäumen. An der Mittelnaht 6 cm am Rock auflassen. Zweimal das Rockbündchen mit Maschine (Stichgröße 4) einkräuseln. Seitennähte von Passenoberteil schließen. Rockteil auf die genähte Weite ziehen, bis es zur Passe paßt und ansetzen. Ärmel einsetzen, Knöpfe und Schlaufen mit der Hand annähen.

Die Grundschnitte für die Körper der Puppen

(siehe Seite 61 bis 63!; Text siehe Seite 7!)

Für die Puppen, die ich in diesem Buch vorstelle, benötigen Sie verschiedene Körperschnitte:

1. *Schnitte, die aus einem Körper, den Armen und den Beinen bestehen* (siehe Seite 61!)

2. *Schnitte, die aus einem Körper mit Beinen und den Armen bestehen* (siehe Seite 62 bis 63!)

3. *Schnitte, die aus einem „durchgängigen Anzug" bestehen* (siehe Seite 62!)

Außerdem finden Sie auf Seite 63 einen Grundschnitt für ein Baby (siehe Abbildung Seite 55!).
Die Schnittmuster für die Puppen *Sternenkind* und *Sandmännchen*, *Tilly* und *Puppenkasper* (siehe Abbildungen Seite 13, 24 und 29!) sind auf dem Vorlagenbogen angegeben.

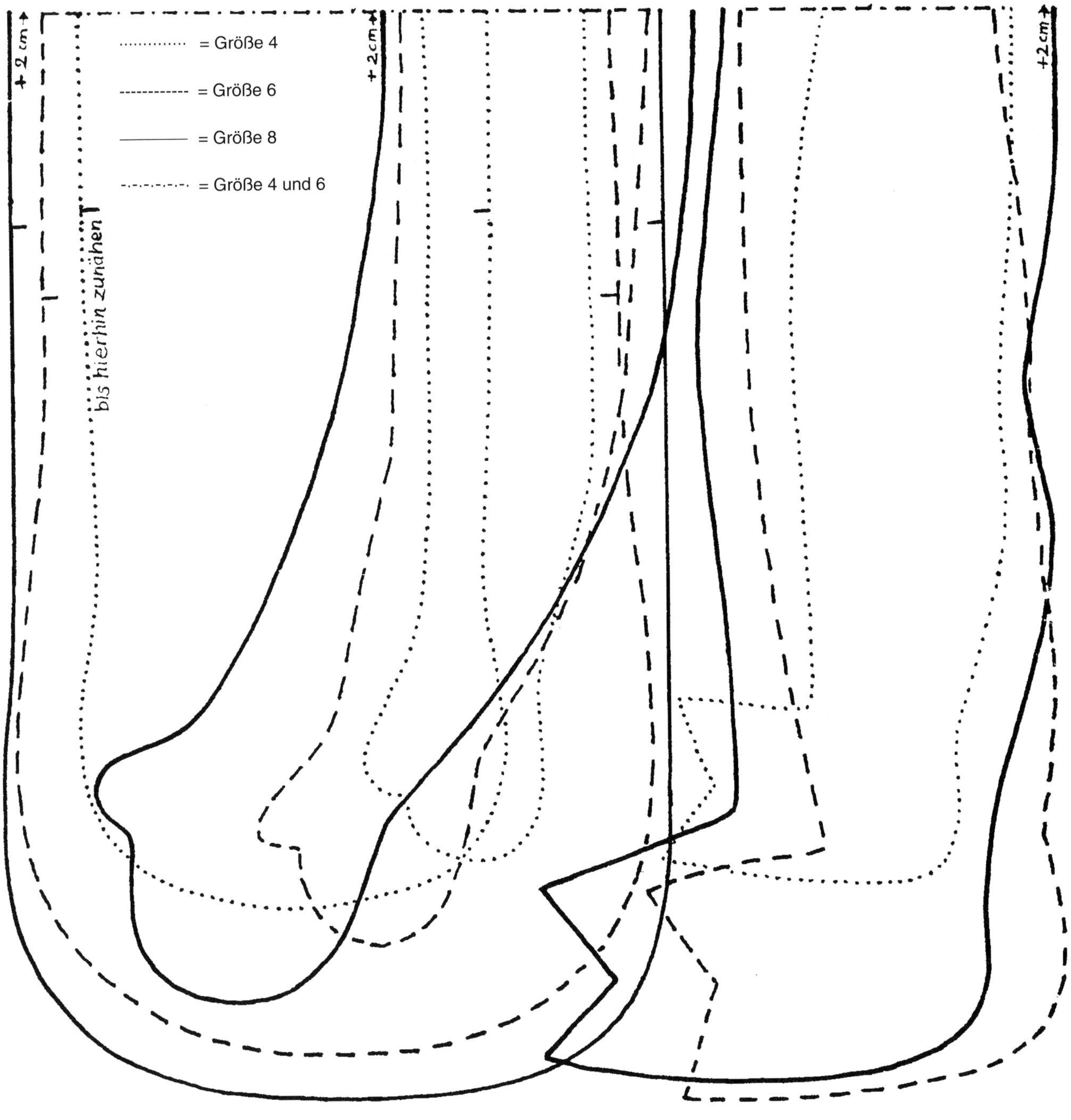
= Größe 4
= Größe 6
= Größe 8
= Größe 4 und 6
+ 2 cm
+ 2 cm
+ 2 cm
bis hierhin zunähen

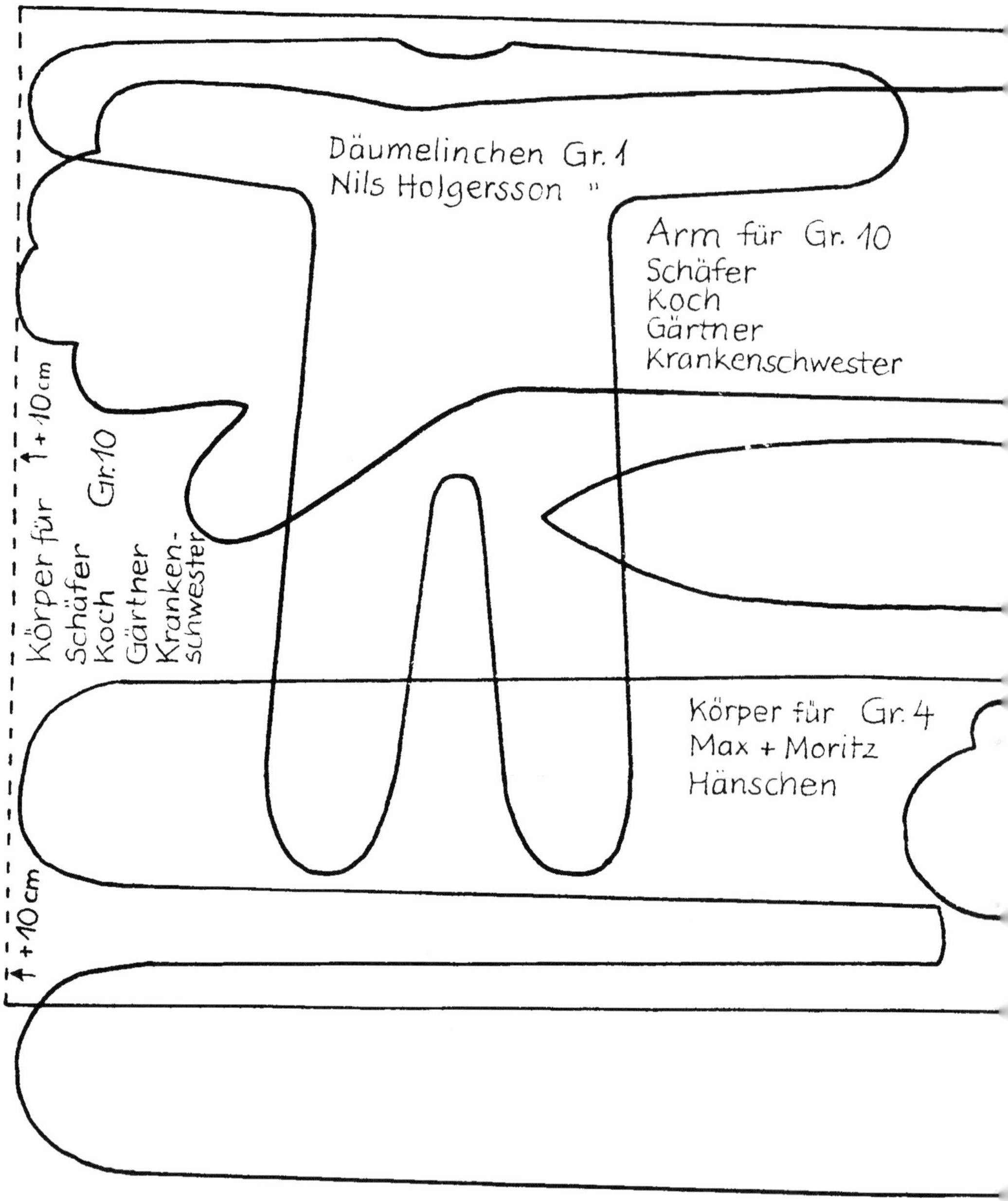

Däumelinchen Gr. 1
Nils Holgersson "
Arm für Gr. 10
Schäfer
Koch
Gärtner
Krankenschwester
+ 10 cm
Körper für Gr. 10
Schäfer
Koch
Gärtner
Kranken-schwester
Körper für Gr. 4
Max + Moritz
Hänschen
+ 10 cm

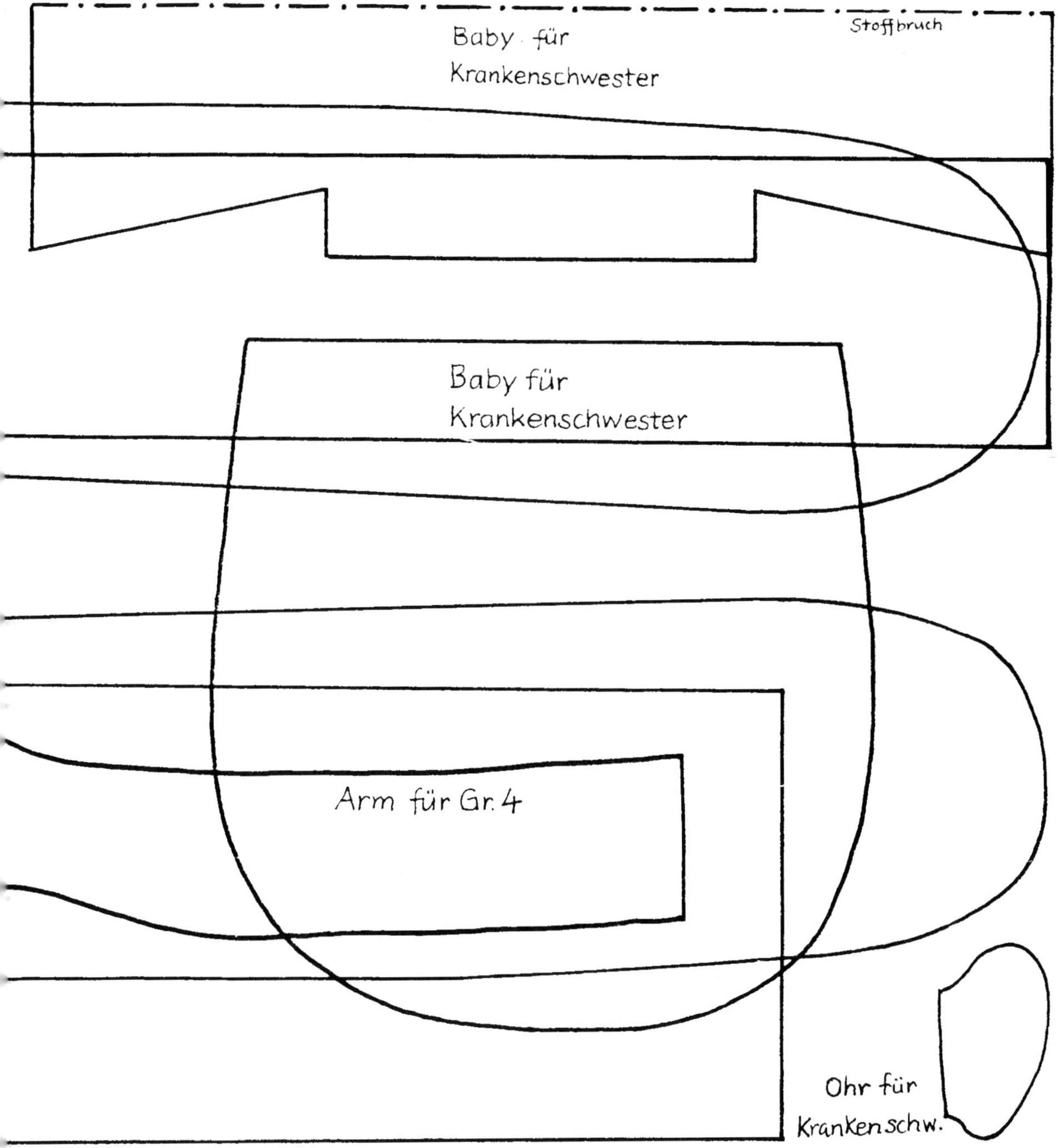
Stoffbruch
Baby für
Krankenschwester
Baby für
Krankenschwester
Arm für Gr. 4
Ohr für
Krankenschw.

Die Puppenmacherin Sunnhild Reinckens ist bundesweit durch Kurse, Ausstellungen und Bücher bekannt. Seit vielen Jahren führt sie ein Fachgeschäft für gutes Spielzeug in Hannover, in dem sie ihre selbstgemachten Puppen verkauft.
Das Anliegen der Autorin ist es, kindgerechte, aber künstlerisch wertvolle Stoffpuppen aus natürlichen Materialien herzustellen. Die Gesichter der Puppen gestaltet sie mit besonders viel Einfühlungsvermögen. Ihre Puppen sind liebenswerte Spielgefährten für Kinder, treue Begleiter der Kindheit.
Im Christophorus-Verlag hat Sunnhild Reinckens bereits das erfolgreiche Buch *Stoffpuppen – wie Kinder sie lieben* veröffentlicht.

Die Deutsche Bibliothek – CIP-Einheitsaufnahme

Meine Lieblingspuppe: neue Stoffpuppen für groß und klein; mit Vorlagen in Originalgröße / Sunnhild Reinckens. – Freiburg im Breisgau: Christophorus-Verlag, 1994
(Hobby & Werken)
ISBN 3-419-53534-1

Styling und Fotos: Roland Krieg, Waldkirch
Reinzeichnungen:
Angelika Meyer-Schenk, Argenbühl
Umschlaggestaltung:
Michael Wiesinger
Reproduktionen: Scan-Studio Hofmann, Gundelfingen
Herstellung: Konkordia Druck GmbH, Bühl (Baden) 1994